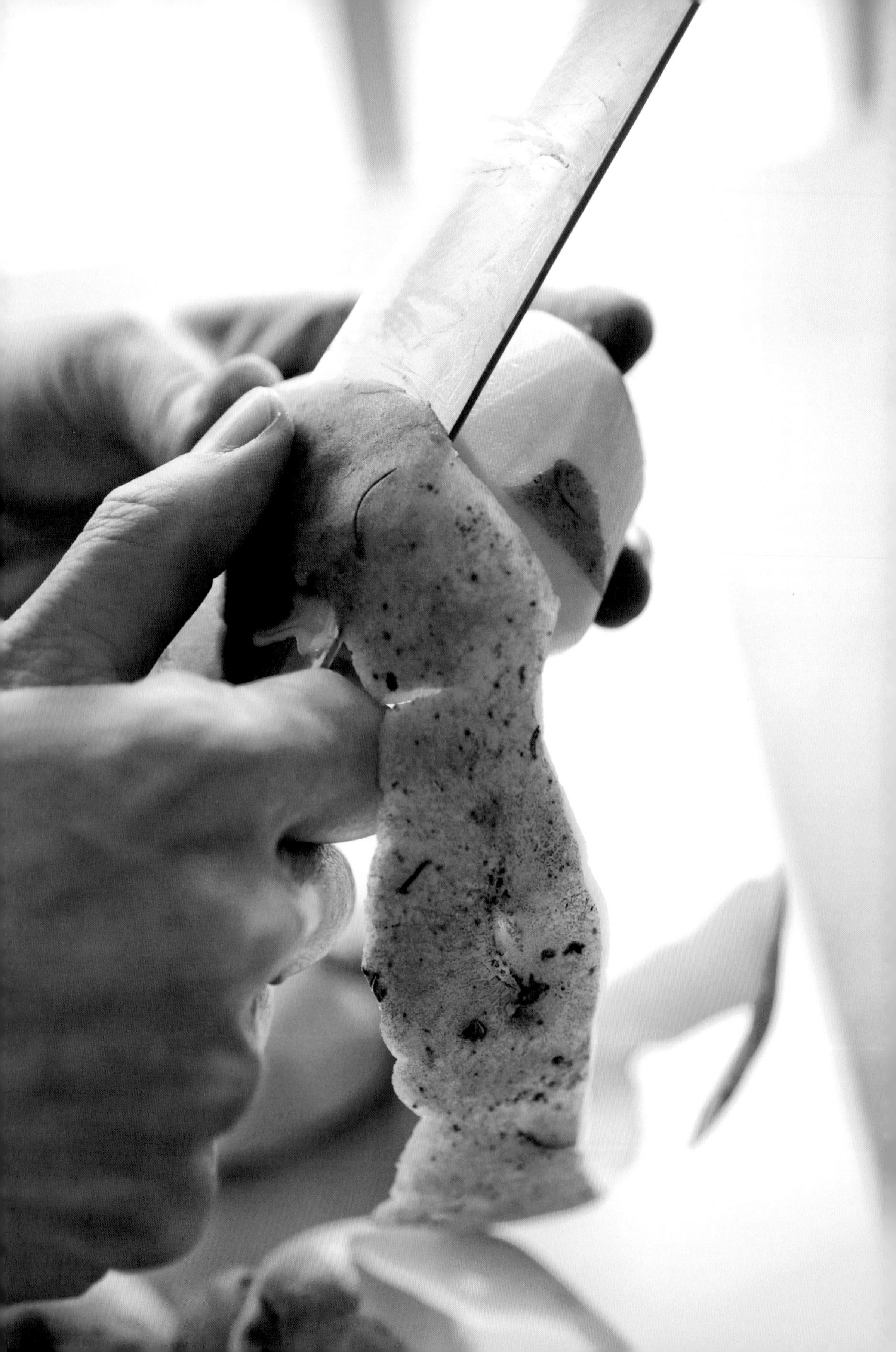

四色图文

一本书读懂中国建筑

肖鹏 著

江西美術出版社
全国百佳出版单位

图书在版编目（CIP）数据

一本书读懂中国建筑 / 肖鹏著 . -- 南昌 : 江西美术出版社 , 2021.11
ISBN 978-7-5480-8417-4

Ⅰ . ①一… Ⅱ . ①肖… Ⅲ . ①建筑艺术—中国—普及读物 Ⅳ . ① TU-862

中国版本图书馆 CIP 数据核字（2021）第 140557 号

出 品 人：周建森
企　　划：北京江美长风文化传播有限公司
策　　划：北京兴盛乐书刊发行有限责任公司
责任编辑：楚天顺　张　颖
版式设计：黄海琴
责任印制：谭　勋

一本书读懂中国建筑
YI BEN SHU DUDONG ZHONGGUO JIANZHU

作　　者：肖　鹏

出　　版：江西美术出版社
地　　址：江西省南昌市子安路 66 号
网　　址：www.jxfinearts.com
电子信箱：jxms163@163.com
电　　话：010-82093808　　0791-86566274
邮　　编：330025
经　　销：全国新华书店
印　　刷：三河市龙大印装有限公司
版　　次：2021 年 11 月第 1 版
印　　次：2021 年 11 月第 1 次印刷
开　　本：710mm × 960mm　1/16
印　　张：20
ISBN 978-7-5480-8417-4
定　　价：80.00 元

后浪出版公司

おいしくたべよう。

素材をいかすレシピ 133

日常食材教室

[日] 栗原晴美 著

顾言 译

湖南美术出版社

全国百佳图书出版单位

自序

我常年在厨房中忙碌，
每次想的都是希望今天能做出比以往更好吃的味道。
我每天关注的都是当下拥有的食材。
以土豆为例，只要换种切法，
做出的汤或炒菜的外观与口感也会随之改变。
而试着用葱来做焗菜的话，
又能让食材呈现出新奇的美妙滋味。
平时为家人下厨时，
我常会先看看手头有什么食材，再决定要做的菜色，
所以有时会搭配出令人大吃一惊的组合，
但也发掘出了很多好吃的菜肴。
这种发现也令我体会到了烹饪的乐趣。

本书以常见的蔬菜为核心，
选取了包括时鲜、肉类、鱼贝类在内的 39 种食材，
对其做法分别进行了介绍。
换言之，书中写的都是我和家人爱吃的菜。
希望这些食谱能为各位的餐桌
带来一点新气象。

本书的书名取为《好好吃饭吧》（原日文书名），
是因为其中寄托了我的一个心愿。
我希望无论是新接触烹饪之道的年轻人，
抑或是多年来一直为家人洗手作羹汤的个中老手，
读过本书之后都会满怀期待地挑战新菜肴，好好吃饭。

栗原晴美

目录

172 第5章

担任主角的肉与鱼贝类

○计量单位中的“平满一杯”为200ml，“1大匙”为15ml，“1小匙”为5ml。

○微波炉的加热时间以输出功率600w的设备为标准估算。

500w的设备则时间请换算成1.1倍，700w的请换算成0.9倍。

○本书中烤箱菜品使用电烤箱。

电烤箱功能不同，或是使用燃气烤箱时，

烹饪时间会有所变化，

请视具体情况增减时间。

做出好菜的 10 个小贴士

这些都是我平日在厨房里一直践行的准则。

不必对自己要求过高，先从力所能及之处开始逐渐适应吧。

好菜是在日复一日的实践中诞生的。

1

先看看冰箱里的存货再决定做什么菜

即使我们对于按照菜色来购买食材胸有成竹，也难免会出现计划赶不上变化的情况，这样反而会浪费食材。我每次琢磨今天该做什么菜时，都必定会先检查一遍冷冻室和冷藏室里的存货。有些菜色的食材全部需要购买，做这种菜既费工夫，又费金钱。如何才能在现有的食材上稍做补充，便打造出一道美味佳肴？这是我身为主妇与厨师的研究课题之一。优先用现有的食材做出好菜，也可为冰箱减轻库存。

2

做出好菜的要点是准备工作和操作流程

做沙拉用的生菜要用冷水浸到清脆后彻底控干水分。意面要在准备配料的同时把握煮面条的时间。炒菜则需要事先备齐调味料。如果调味料种类较多，或有些不易溶解，可以选择复合调味料……要想做出美味的菜肴，就必须做好事前准备，并有条不紊地按照步骤走。如果要在有限的时间里完成多道菜品，就更应该重视这一点。举例来说，有共用的材料可以先一次性都切好，要准备锅具、厨具、微波炉和烤炉时，也最好先确认一下使用流程等事项再正式开始。

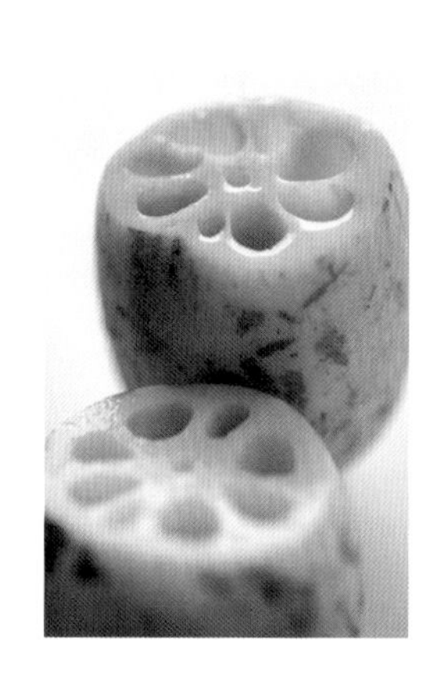

3

换种切法，同一道菜也能焕发新滋味

在汤里放土豆的时候，加土豆片和加土豆块的外观和口感会有所不同。同样是胡萝卜丝，我也有两种切法。一种是先竖着切成薄片再切丝，这样做成炒菜看起来也依然整整齐齐，口感也会得到保留。另一种是斜着切成薄片后再切丝，这样会切断萝卜中的纤维，生吃起来也会较为柔软。同时，这种切法切出的萝卜丝是尖头的，又会令人感觉纤细。切丝后，食物的分量感也会随之膨胀。将煎鸡蛋切丝做成鸡蛋丝的话，切完后再打散会有分量翻倍的感觉。

不一定要拘泥于食谱

刚开始做菜时，我建议食材都按照食谱来，调味料也要精确计量好分量。等做过很多次，已经记住味道了之后，可以试着随机应变。例如食谱上写需要 6 个茄子，但不巧家里只有 3 个的时候，可以用一半的分量来做做看。调味料的运用也一样。没有味啉，可以试试换成糖和酒。又或者用普通的醋来代替红酒醋看看。不必迷信原有的食谱，只用来做参考会让心态更轻松。办法都是这样想出来的，菜也是这样变得越来越好吃的。

5

拿手好菜也要试试味道

做完菜时，自然要尝上一口，但炖菜重新加热，又或者沙拉和凉拌菜已经放了一段时间之后，也需要再试试味道。刚拌好的沙拉味道绝妙，但端给回家很晚的丈夫吃，他却说味道好淡。这是因为蔬菜在放置一段时间后出水了。做沙拉或凉拌菜的时候，可以为之后再吃的人分出一份，等到正式用餐前再进行搅拌。也可以轻轻控去水分后确认一下味道，再在端上餐桌前重新调味一次。这样就可以让吃的人也竖起大拇指了。

6

记住家人的口味

在每天的餐桌上，我会留心记住得到家人赞许的菜肴。像我丈夫就比较喜欢萝卜扇贝沙拉、素面沙拉、盐烤秋刀鱼、醋青鱼、南蛮渍[1]、醋味噌拌菜、牛排、焗菜、番茄意面、猪肉小松菜炒面、炖牛肉……这些很多都是家常小菜，但我会注意烹调出美味来。在我需要经常出远门时，能事先备好的菜肴也会提供很多便利。丈夫可能是从中体会到了我的关怀之情，对着这些菜品也会微露笑容。

1　南蛮渍：将炸鱼等加醋、葱和辣椒一起腌制的料理。或可译为南蛮风味腌菜。

7

有时需要为明天做准备处理

第二天要煮味噌汤的话，前一天不妨提前准备配料。例如小松菜和油炸豆腐就可以先切好，再用保鲜膜包起来。搭配纳豆的葱可以先横切，放到厨房纸巾上防止渗水，再装入玻璃容器中以免忘记。用来做黄油炒菜的圆白菜先切成大块。即使只是提前一天洗好蔬菜，又或者提前剥好洋葱，第二天的感觉应该也和从零开始完全不同。像方便即食的日式腌菜或西式腌菜等常备菜可以在空暇时一并做好，这样要用时就能立刻端上餐桌，心态也会更为从容。

8

精心对待每一道菜

以从容不迫的态度下厨，手法自然会精细起来。举例来说，味噌汤用海带和鲣鱼片来熬制，切菜时注意刀法，或者收工前先观察一下家人的表情，又或者提前将牛肉炖透来为晚饭打好基础。如此一来，心中自有一种成就感，而这种成就感又会让自己体会到下厨的乐趣。当然了，我们不是每天都有条件如此精细。具体做法大可根据当天的空闲时间多少来决定，即使有时无暇精益求精，也不必感到压力。

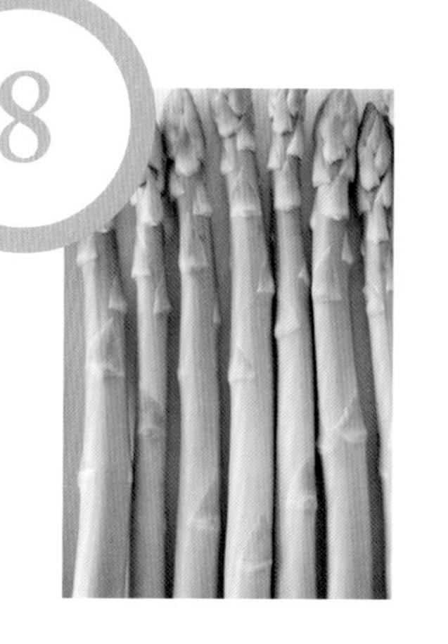

9

掌握装盘技巧，可为菜肴增香

我家做肉类或海鲜类菜肴时常会搭配上丰富的蔬菜。每到这种时候，我就会考虑应季的容器和配料的平衡，精心装盘，以求为菜肴增香。例如我做“越南式炸春卷”（见本书第 198 页）时会将春卷有序码放，再用另外的菜碟装满香草和莴苣叶，沙司和用作佐料的红白萝卜丝则另用小碗盛放。将两只颜色迥异的长方形盘子摆在一起当作一只盘子来用，这个主意来自我当时的灵光一闪。我不想让新做好的菜耽搁太久，所以思考如何在装盘时也能够干净利落。

10

清理高手也是厨艺高手

厨房台面和水池干净整齐的话，会让人产生下厨的热情，实际操作起来也可以果断迅速地进入正题。相反，若是看到要洗的锅碗瓢盆堆积如山，还没做菜，就会先累上三分。做菜总归要找地方做，所以还是趁早收拾干净更为省心。烹饪途中也可以同时将盘子、菜板和菜刀等洗净擦干，放回原位。最理想的状态就是菜做好时，台面上只看得到用来装盘的容器。这或许也是下厨的步骤之一，只要养成习惯，就不会看到厨房变成一团乱麻，自己的厨艺也会随之进步。

第
1
章

我心爱的8种食材

小松菜、豆腐、茄子、莲藕、金枪鱼、萝卜、裙带菜、鸡蛋。我从日常生活的常见食材中选择了这8种我尤为中意的食材，来为大家介绍我常做的菜品。这些食材几乎每天都会出现在我们的餐桌上，所以从中也诞生了众多赢得家人欢心的基本菜色。

1
2
3
4
5
6
7
8

豆腐、小松菜、萝卜、茄子、裙带菜，
这些食材的应用范围都很广泛。
要列举一项它们的共通点的话，那就是都可以作为我喜欢的味噌汤的配料。
豆腐可以配上芝麻粉做成芝麻汤，
小松菜不用去涩，使用方便，在做菜时帮助很大。
而茄子红味噌汤如果用事先焯过的茄子，则会美味倍增。

金枪鱼是我非常喜欢的一种鱼类食材。
我从小就熟识它的味道，现在也最常吃它。
有时先用菜刀拍松，再做些寿司饭裹成手卷寿司，
又有时会做成腌赤身[1]再用烤网烤。
我身边常有人说：
“累了的时候不太想吃金枪鱼吧？”
但我每天都乐此不疲，累了也会想尝到它的味道。

在我看来，味道固然重要，但口感也不可忽视。
我喜欢莲藕的爽脆口感，
所以用它做西式腌菜和炒菜时会越切越厚。
而在每天下厨的过程中，我又一直偏爱使用鸡蛋，
在熘蔬菜上加上半熟的煎鸡蛋的次数也已数不胜数了。
正因为有好吃的食材，我才得以产生新的创意。

1　赤身：红肉、瘦肉，特指鱼肉的红色部分。

小松菜

这种绿叶蔬菜涩味较少，所以可以直接用于炒、烩、煮等做法。
保存方法是水洗后轻轻控去水分，再用塑料袋装起来竖放在冰箱里。

小松菜熘猪肉

用料 /4 人份

小松菜 2 捆（600g）
细切猪肉 150g
鸡蛋 4 个
蒜 1 瓣
A
- 水 2 杯
- 鸡精 2 小匙
- 蚝油 2 大匙
- 酱油 2 大匙
- 绍兴酒 2 大匙

色拉油 4 大匙
太白粉、水 各 ½ 大匙
芝麻油 适量
盐、胡椒 各少许

做法

① 小松菜洗净，切至 4~5cm 长，将茎与叶分开。大蒜切成薄片。
② 将 A 倒入小锅中调匀加热。太白粉加等量的水调匀。
③ 将一半色拉油倒入平底锅内加热，放入大蒜，炒出香味后加猪肉再炒。
④ 快速炒小松菜，注意先放菜茎。倒入 A 的调味液。
⑤ 煮开后放入水溶太白粉勾芡，浇上芝麻油调味，装盘。
⑥ 敲开鸡蛋后搅拌，加少许盐、胡椒。将剩下的色拉油倒入平底锅内加热，快速倒入蛋液搅拌均匀，在即将半熟时轻轻收起。迅速倒在⑤上，趁热食用。

当我家想迅速再来一道菜的时候，常常选择它。
充当汤料的调味液之所以先加热再倒入菜中，
是为了控制烧小松菜的时间，保留住它的口感。
猪肉会让人觉得味道浓、分量大，
但有时也可以只炒小松菜，再加上玉子烧。
将即将半熟的鸡蛋浇到熘菜上，
鸡蛋会被余温加热，松软黏稠。
划开鸡蛋，和熘菜一起吃的话，一个人吃下半捆小松菜也不在话下。

也可以将这道小松菜熘猪肉浇在热腾腾的饭上，再加些柴渍[1]当作盖饭来吃。这是我们母子都很喜欢的一种吃法。

1　柴渍：或可译为京都风紫苏腌菜。

芝麻煮小松菜

用料 /4 人份

小松菜 1 捆（300g）

油炸豆腐 2 片

A

- 出汁[1] 1 杯
- 酱油 3 大匙
- 味啉[2] 2~3 大匙
- 日本酒 1 大匙

芝麻粉 ½ 杯

1 出汁：日式高汤，一般由海带和鲣鱼片熬制而成。
2 味啉：日式甜料酒，也有写作味淋、味霖、味醂的。

做法

① 小松菜洗净，切至 4~5cm 长，将茎与叶分开。

② 油炸豆腐用沸水去油，控干水分后切成 2cm 宽的条状。

③ 将 A 倒入锅中调匀煮开，放入小松菜的菜茎和油炸豆腐。

④ 菜茎煮熟后再放入菜叶，稍煮一下后放入大量芝麻粉，关火。放置一段时间，等待入味。

小松菜很适合和油炸豆腐一起吃，我丈夫特别喜欢喝用它们做的味噌汤。
有时候我们想让汤的味道醇厚一点，就会撒些芝麻粉。
芝麻煮小松菜是用同样的食材搭配煮出来的酱油味菜肴。
我有时会把小松菜煮到软烂。

小松菜虾仁汤

用料 /4 人份

小松菜 1 捆（300g）

虾仁（小）150g

盐 适量

A

- 出汁 1 杯
- 薄口酱油[1] 2 大匙
- 味啉 2 大匙
- 日本酒 1 大匙

1 薄口酱油：淡味酱油或生抽。

做法

① 小松菜洗净，切至 4~5cm 长，将茎与叶分开。

② 洗虾仁，如有虾线则去掉。

③ 将 A 倒入锅内调匀煮开。放入虾仁，略煮一下后关火。试味后加少许盐调味。盖上锅盖，利用余热加热。

④ 煮一大锅沸水，加入适量盐。焯小松菜，注意先放菜茎。用冷水浸泡，捞出后充分控干水分。

⑤ ③的汤放凉后，将④的小松菜浸入汤中。在冰箱中放置一段时间，使其入味。

焯得爽口的小松菜本身也足以端上餐桌了，
但加上筋道的虾仁，又多了一丝待客佳品的风范。
用海带和鲣鱼片精心熬制出汁的话，
成品的味道会既鲜美又优雅。

小松菜可乐饼

用料 /4 个可乐饼的分量

小松菜 1 捆
猪绞肉 50g
土豆泥粉 30g
开水 ¼ 杯
盐、胡椒 各适量
色拉油 少许
清汤颗粒 少许
低筋面粉、搅匀的蛋液、面包粉 各适量
油炸用油 适量
圆白菜丝、酸橘、喜欢的沙司 各适量

做法

① 小松菜将茎与叶分开，分别细细剁碎。
② 煮一大锅开水，加入适量盐，焯小松菜，注意先放菜茎。用冷水浸泡，捞出后充分挤干水分。
③ 在盆内放入土豆泥粉，倒入开水，片刻后再焖。
④ 平底锅内放少许色拉油加热，炒绞肉，再加少许盐和胡椒。趁热放到③里搅拌。
⑤ ②的小松菜一边打散一边放入④中，使之完全混合起来。加清汤颗粒、盐、胡椒调味。
⑥ 将⑤的面糊分成 4 等份，按照低筋面粉、搅匀的蛋液、面包粉的顺序先后裹上面衣。用热好的油炸到酥脆。
⑦ 将刚炸好的菜装盘，添上圆白菜丝，挤酸橘汁，再配上喜欢的沙司食用。

可乐饼里面是土豆泥（此处使用土豆泥粉）、炒过的绞肉、1 捆焯水后充分控干水分的小松菜的菜末。

可乐饼中塞满了小松菜，以至于透过面衣都能隐约看到菜的绿色！
小松菜的用量之多
就是打造出这道清淡的美味佳肴的关键。
这些食材使用少量土豆泥粉混合在一起。
土豆泥粉倒上牛奶就可以方便地做成土豆泥，
加到松饼里也是味道极佳，
从孩子们还小的时候开始
这道菜就常常在我繁忙之时为我提供帮助。

可乐饼中满满的小松菜
令人大感惊喜

豆腐

含水量较高的豆腐要事先充分控干水分。
卤水豆腐适合做炒菜、煮菜、田乐豆腐[1]等。嫩豆腐适合做日式冷豆腐、汤、汤豆腐[2]等。

1 田乐豆腐：将豆腐块等用竹签串起再加味噌等烤的日本料理。
2 汤豆腐：日式砂锅豆腐。

冲绳风豆腐杂炒

用料 /4 人份

卤水豆腐 2 大块
细切猪肉 150g
豆芽 1 袋
小白菜 1 袋（2~3 颗）
色拉油 2~3 大匙
和风鲣鱼精[1] 1 大匙
盐、胡椒 各适量

1 和风鲣鱼精：即出汁的高汤精，也有译作木鱼精、柴鱼精、鲣鱼素等的。

做法

① 豆腐用厨房纸巾等包住，摆放在漏网上，放置 20~30 分钟，充分控干水分。
② 豆芽去根，小白菜切至 4~5cm 长。
③ ①的豆腐切成较大的方块，拭去水分。平底锅内倒入 1~1½ 大匙色拉油加热，放入豆腐，煎至表面金黄后取出。
④ 在③的平底锅中再倒入少许色拉油，放入猪肉，撒上盐和胡椒，开始炒。按顺序放入小白菜、豆芽，一边倒入剩下的色拉油一边迅速翻炒。将豆腐放回平底锅中。
⑤ 用鲣鱼精、盐、胡椒调味，装盘。

豆腐放入平底锅中后，等它的表面变成金黄色后再翻面。这样就可以避免粘锅，做出干净的煎豆腐了。

冲绳杂炒是一种用蔬菜和豆腐等一起炒制而成的冲绳家常菜。
食材可以选用手头现有的蔬菜，不必特意准备，
调味则用鲣鱼精、盐和胡椒。
我也很喜欢它这种随手可做的特点。
保留住豆腐的味道有两个秘诀，
其一是要切到自己都怀疑“是不是有点大了”的大小，
其二是先将表面煎至金黄色，避免豆腐碎裂。
这样煎出的豆腐形状完好，存在感较强，
可以在肉里稍微加上几块，也可以单独食用，既健康又美味。

豆腐千层面

用料 /4 人份

嫩豆腐 2 大块
意大利肉酱（购买成品）约 300g
白汁
- 黄油 2 大匙
- 低筋面粉 3 大匙
- 牛奶 1 杯
- 鲜奶油 1 杯
- 清汤颗粒 1 小匙
- 盐、胡椒 各少许

橄榄油 2 大匙
盐、胡椒 各少许
比萨用奶酪 200g

做法

① 豆腐用厨房纸巾等包住，摆放在漏网上，放置 20~30 分钟，充分控干水分。
② 做白汁。平底锅内放入黄油，融化。加低筋面粉，开始炒，注意不要炒焦。一边慢慢倒入牛奶一边搅拌，搅至看不出粉感后一边加鲜奶油一边稍煮片刻，用清汤颗粒、盐、胡椒调味。
③ ①的豆腐每大块切成 6 块，拭去水分，撒上盐和胡椒。
④ 平底锅内倒入橄榄油加热，放入豆腐，煎至两面变成金黄色。
⑤ 烤箱预热至 230℃。
⑥ 在耐热容器里按顺序铺上各 ⅓ 量的肉酱和白汁，再放上一半分量的豆腐。按照同样的方法再加一层肉酱、白汁和豆腐，最上面铺上剩余的肉酱和白汁。
⑦ 比萨用奶酪粗粗切碎，大量撒到表面上。放入烤箱烤大约 20 分钟。

铺上肉酱和白汁，再摆放上煎过的豆腐。
最表层的奶酪下重复了两次同样的过程。

将豆腐做成类似意大利面、千层面的焗菜，
我家做这种口味已经大约 30 年了。
这道菜用来招待外国客人时也广受好评，
所以每到这种时候，菜单里基本都少不了它。
我告诉大家是用豆腐做的之后，大家都倍感意外，
并欢呼道“好健康”或者“真好吃”。
尝上一尝，更让人感叹
豆腐的嫩滑口感和西式的酱汁、奶酪的风味竟是天作之合。

黏糊糊，热腾腾
这就是豆腐的西式口感

私家油炸豆腐块

豆腐直接油炸之前，需要充分控干水分。
喜欢哪种豆腐是因人而异的事，至于我，如果要选的话就是嫩豆腐了。
我觉得嫩豆腐外皮和内里的口感迥异，吃起来更有滋味。

用料 / 便于制作的分量

豆腐 1 大块
油炸用油 适量
喜欢的佐料（青紫苏丝、姜泥和姜丝、萝卜泥、茗荷薄片、鲣鱼片 各适量）
酱油 适量

豆腐用厨房纸巾包住，摆放在平底盘上的漏网上，控干水分。这道菜中的豆腐要直接油炸，所以放置 2~3 小时。

做法

① 豆腐用厨房纸巾等包住，摆放在漏网上，放置 2~3 小时，充分控干水分。
② 将①的豆腐分成 12 等份，拭去水分。加热油炸用油，放入豆腐，炸到表面变色、外皮酥脆。
③ 将刚炸好的②装盘，加上喜欢的佐料，浇上酱油即可食用。

* 照片中从近到远分别配了青紫苏和茗荷丝、萝卜泥和姜泥、茗荷和鲣鱼片。

豆腐块炒蔬菜

用上私家油炸豆腐块后，平日里常做的菜肴也会略显豪华。
用来油炸的豆腐切块较小，所以表皮整体松脆，
煮了也好吃，可以使菜肴的味道更为鲜美醇厚。

用料 / 便于制作的分量

私家油炸豆腐块（参考本书第32页）1大块的分量
西蓝花 1 颗
胡萝卜（小）1 根
圆白菜菜叶 3 片
A（糖 ½ 大匙 酱油 2 大匙 蚝油、绍兴酒各 1 大匙 中华风浓缩汤料 1 小匙 水 1 杯）
色拉油 1 大匙
太白粉、水 各 1 大匙
芝麻油 1 大匙

做法

① 西蓝花分成小穗，其中较大的再分成 2~3 等份。胡萝卜切成 6cm 长，竖着切成两半后再切成薄片。圆白菜切成较大的片状。
② 西蓝花和胡萝卜焯到偏硬，捞出放在漏网上。
③ 将 A 倒入小锅内调匀加热。太白粉用等量的水溶解。
④ 深底的平底锅倒入色拉油加热，按顺序放入圆白菜、西蓝花、胡萝卜翻炒，倒入 A 的调味料。
⑤ 煮开后放入油炸豆腐块，使之入味。再次煮开后加入水溶太白粉勾芡，最后浇上芝麻油即可。

茄子

表皮有弹性、萼片上的刺摸起来有些疼的才是新鲜茄子。
新鲜的茄子涩味也较少。它味道清淡，可以广泛运用于日式、西式、中式料理之中，这就是食材的魅力。

茄子红味噌汤

用料 /4 人份

茄子 2 个
出汁 4 杯
红味噌汤料 3 大匙
茗荷[1]、花椒粉 各适量

做法

① 茄子去蒂，切成 1.5cm 宽的扇形。用水浸泡以去涩味。茗荷切成薄片。
② 茄子放入滚水焯至熟软，然后捞出至漏网上，轻轻挤去水分。
③ 出汁倒入锅中加热，放入②的茄子，让红出汁味噌溶解。
④ 装盘，放上茗荷，喜欢的话也可再加花椒粉。

* 我们会把茄子红味噌汤、新出锅的米饭、竹荚鱼干和酸橘、烫拌菠菜、日式腌菜搭配起来当早饭吃。

1 茗荷：又称阳荷，姜属的一种多年生草本植物。食用器官为花蕾，味芳香微甘，可凉拌或炒食、酱腌、盐渍等。富含蛋白质、脂肪、纤维素及多种维生素。

茄子事先焯水可去除涩味，口感更松软。但焯的时间过久会走味，可以尝尝味道来控制时间。

茄子极为便利，几乎可以每天换个做法。
这道味噌汤和烤茄子就很适合疲倦的时候食用。
尤其是用红味噌汤料做出的茄子味噌汤，口感清爽，
最后再加上切好的茗荷，香气更为怡人。
要点是茄子先焯到熟软再煮，
这样和直接煮的口感完全不同，
有种入口即化的松软感。

麻婆茄子

用料 /4 人份

茄子 8 个（600g）
混合绞肉 200g
葱末 ½ 根的分量
姜末 1 大匙
蒜末 ½ 大匙
色拉油 1 大匙
绍兴酒 1 大匙
豆瓣酱 1 大匙
A
- 水 2 杯
- 鸡精 2 小匙
- 酱油 3 大匙
- 糖 1 小匙

太白粉、水 各 1 大匙
油炸用油 适量
芝麻油、香菜 各适量

做法

① 茄子去蒂，竖着切成两半后按长度分成 3 等份，再竖着切成 3 等份。泡水后捞出至漏网，拭去水分。
② 将 A 倒入锅内搅匀加热。太白粉用等量的水溶解。
③ 油热后直接炸茄子，去除多余的油。
④ 使用平底锅热色拉油，放入葱末、姜末、蒜末开始炒，炒出香味后加混合绞肉再炒。
⑤ 绞肉变色后按顺序加入绍兴酒、豆瓣酱继续炒。倒入 A 的混合调味液，搅拌煮熟。将水溶太白粉再搅拌一次后倒入锅中，待汤汁黏稠后再放入③的茄子。
⑥ 最后浇上芝麻油添香，装盘。喜欢的话可以再加香菜。

茄子用温度略高的油快速油炸。
使用漏勺迅速捞到漏网上，充分去除多余的油后再行烹饪。

茄子炸起来有些费事，
但从油里捞出时会呈现出鲜艳的深蓝色，
先炸过一遍，也可以节省后面的烹饪时间。
用炸过的茄子做麻婆茄子这道菜，
会让口味更为醇厚鲜美，成品看起来也富有光泽。
这样一袋茄子很快就能吃完。

这种味道
适合浇在白米饭上品尝

味噌茄子牛肉

用料 /4 人份

茄子 9~10 个（700g）
细切牛肉 200g
A
- 酱油 3 大匙
- 味噌 3 大匙
- 糖 3 大匙
- 味啉 3 大匙
- 出汁 2 杯

色拉油 2~3 大匙
姜泥 适量

做法

① 茄子从上往下削皮，切成 3cm 宽的圆片，泡水后拭去水分。牛肉如果较大，则切到便于食用的大小。
② 混合 A，充分搅拌至味噌融化。
③ 深型平底锅热锅，倒入少许色拉油，将牛肉放入煸炒，取出放入容器。
④ 茄子重新放入之前的平底锅中，一边慢慢倒色拉油一边炒到变色。
⑤ 将牛肉放回④中，倒入 A，入味后盖上比锅小一圈的锅盖，小火炖煮 15~20 分钟。
⑥ 煮好后可以根据自己的口味选择加不加姜泥，连同汤汁一起装盘。

将分别炒好的牛肉和茄子混合起来，炖煮出味噌风味。茄子煮到软烂后更入味。

味道浓厚的味噌与茄子和牛肉是绝配。
我家做菜时使用自制的味噌，
所以菜里会留有颗粒状的麹菌，但这也别有一番风味。
要问我喜欢茄子的哪一点的话，
我喜欢它煮熟后的绵软口感。
我想尽情享受这种口感，
所以这道菜茄子切块会切得大一些，炒完之后再焖煮。
这样凉了也好吃，也适合用来做便当。

莲藕

挑选莲藕时要选择颜色接近自然肤色、肥大丰满的，不要选切口变色的。
如果要整个进行保存，可以用湿报纸包起来装入塑料袋里，再放进冰箱冷藏。

甜醋藕片

用料 / 好做的分量

莲藕 600g
红辣椒（去籽）2 只
甜醋
- 味啉 1 杯
- 糖 2~3 大匙
- 盐 2 小匙
- 醋 1 杯

生火腿、青紫苏、罗勒叶、胡椒、橄榄油、帕尔玛奶酪泥 各适量

做法

① 先做甜醋。在小锅里倒入味啉，用火加热。沸腾后将火力调小，熬 3 分钟左右。放入糖、盐、醋，充分搅拌至彻底融化，然后关火冷却。
② 莲藕去皮后切成 1.5cm 厚的藕片，放到水中稍微浸泡一会儿。
③ 烧一锅开水，放藕片焯水，注意不能破坏莲藕的嚼劲。捞起至漏网中拭去水分。
④ 将藕片放入带拉链的塑料袋或类似袋子中，再加上①的甜醋和红辣椒。放入冰箱中冷藏一段时间，等待入味。
⑤ 将④装盘，按照自己的口味加生火腿或青紫苏、罗勒叶，撒上胡椒、橄榄油、帕尔玛奶酪后食用。

一定要选的话，比起酸味十足的西式腌菜，
我更喜欢味道柔和的甜醋腌菜。
我做莲藕的泡菜时也常常选用甜醋来腌渍。
藕片坚持切得厚一点有两个原因。
一是藕片过薄的话会太吸味，吃起来发酸。
二是我喜欢大口吃藕的爽快感。
莲藕切得厚一些的话，之后还可以随意切成各种形状，用途更为广泛。
可以切碎了做什锦寿司，也可以用来做稻荷寿司。

莲藕配葡萄酒也不错

真是令人意外

日式莲藕糕

这是饮茶时常配的日式萝卜糕的莲藕版，
刚出锅时口感粘糯，只有莲藕才能做出这种美妙滋味。
中途用微波炉加热饼坯，可以让这道菜做起来更简单。

用料 /4 人份

虾米（干燥）15g
水 ¼ 杯
莲藕 500g
培根 2 片
A（稀释后的泡虾米水 ½ 杯
鸡精 1 小匙 绍兴酒 1 大匙
盐 少许）
B（粳米粉 50g 太白粉 30g）
芝麻油、豆瓣酱、辣酱油、
香菜 各适量

做法

① 虾米用适量的水泡发，粗粗切碎。泡虾米的水留着备用。培根切成小片。
② 莲藕去皮剁碎，放入锅中。
③ 将 A 倒入②的锅中，再放入 B 的粉类大幅度搅拌，倒入①的配料。
④ ③的锅开火加热，快速搅拌，待整体膨胀起来后关火。
⑤ 在耐热碟上铺一层油纸，将④放到油纸上，揉搓按扁至直径 20cm 左右。用保鲜膜轻轻盖住，在微波炉中加热 3 分钟左右。消除余热后，切分成便于食用的大小。
⑥ 使用平底锅热芝麻油，将⑤煎至两面金黄色。
⑦ 装盘，可趁热按照自己的口味加上豆瓣酱、辣酱油、香菜等再食用。

金平莲藕海带

莲藕和海带口感绝佳，当沙拉吃可以吃下一大盘。
我儿子从小就喜欢这种味道，
在他婚后，妻子美由纪也一直在做这道菜。

用料 /4 人份

莲藕 500g
干海带丝 20g
色拉油 2 大匙
A（酱油 4 大匙 出汁 2 大匙
味啉 2 大匙 糖 1 大匙）
青紫苏 10 片

做法

① 莲藕去皮，切成薄片（圆形或半圆形均可）。泡水后充分控干水分。
② 干海带丝用水泡发后充分沥干水分，切成便于食用的长度。
③ 平底锅烧热，倒入色拉油，用大火翻炒至藕片全熟。
④ 将 A 倒入③中搅拌，待藕片入味后关火，再放入海带丝快速搅拌。
⑤ 待④余热消除后，将青紫苏切成 2~3mm 宽的细丝，撒入④中，稍加搅拌后装盘。

* 干海带丝是将提前收获的海带切细后再压平烘干的产物，加水可即刻泡发。

* 金平是日本料理中将切成丝的食材加上糖、酱油做出的一种炒菜。

日式莲藕煎肉饼

用料 /4 人份

混合绞肉 300g
莲藕 100g
洋葱 ¼ 个
花椰菜 ½ 颗
胡萝卜 1 根
蘑菇 1 包
鸡蛋 1 个
低筋面粉 2 大匙
盐、胡椒 各少许
色拉油 ½ 大匙
红葡萄酒 ¼ 杯
半冰沙司（购买成品）1 罐
汤（用 1 小匙清汤颗粒、1 杯热水泡出的汤）
香叶 1 片
中浓度沙司 2 大匙
番茄沙司 1 大匙

做法

① 莲藕去皮，切成 8mm 大的块状，泡水后充分控干水分。洋葱切成粗末。花椰菜分成小穗，稍微焯一下。胡萝卜去皮，切成 1.5~2cm 宽的圆片或半圆片，稍微焯一下。蘑菇去掉菌柄。
② 将混合绞肉放入盆中，再依次加入鸡蛋、低筋面粉、盐、胡椒，充分搅拌至发黏。放入洋葱、莲藕后继续搅拌。
③ 将②的成果分成 8~10 等份，捏成圆形。
④ 用平底深锅热色拉油，放入③，煎至两面焦黄。
⑤ 在④上浇上红葡萄酒，让酒精成分蒸发。放入半冰沙司、汤、香叶。煮开后再加蘑菇、胡萝卜，一边去除涩味一边用小火煮大约 10~15 分钟。
⑥ 放入中浓度沙司、番茄沙司，用盐、胡椒调味。最后放入花椰菜加热。

莲藕可以承载复杂多变的味道，
是一种不断赐予我新菜灵感的食材。
我将它切碎搅拌到肉饼中
是因为觉得肉里加上口感脆爽的东西会很好吃。
肉饼采用先煎好表面再煮的做法，
可以保证每个部分都被煮熟，也会让成品鲜嫩多汁。
我家备有很多蔬菜和沙司，
所以有时候也会浇到心爱的杂粮饭上一起吃。

金枪鱼

金枪鱼作为刺身、寿司的食材也广受欢迎，购买时可直接买到金枪鱼块，再按用处切开，极为方便。
其中黑鲔鱼较为知名，但选择其他种类的金枪鱼的话，也可以买到价格平易近人的鱼腩。

半烤金枪鱼沙拉

用料 /4 人份

金枪鱼中肥 1 块
鸡蛋 4 个
生菜叶 2 片
混合蔬菜沙拉 1 包
花椰菜（小）½ 颗
蒜蓉、盐、胡椒 各少许
橄榄油 ½ 大匙
和风沙拉汁
- 日式面酱汁（购买成品，3 倍浓缩型）¼ 杯
- 水 ¼ 杯
- 醋 1 大匙
- 芝麻油 少许

蛋黄酱沙拉汁
- 蛋黄酱 ½ 杯
- 白葡萄酒 ½ 大匙
- 汤（用少许清汤颗粒、1 大匙热水泡出的汤）
- 日式黄芥末 少许
- 薄口酱油、胡椒 各少许

绿芥末、酱油 各适量

做法

① 先做温泉蛋。让鸡蛋降回室温。用锅烧开水，关火，放入鸡蛋，盖上盖子，放置 8~10 分钟。或放到大口的保温瓶等保温容器中，倒入开水，盖上盖子。

② 生菜叶切成便于食用的大小，和混合蔬菜沙拉一起放到冷水中浸泡，让它们口感更为松脆，捞起后充分控去水分。花椰菜分成小穗，切成薄片。

③ 做半烤金枪鱼。金枪鱼上抹上蒜蓉，撒上少许盐和胡椒。平底锅热橄榄油，将金枪鱼表面煎至金黄色。内部一分熟即可。

④ 将和风沙拉汁、蛋黄酱沙拉汁的材料分别加以调匀。

⑤ 将③的半烤金枪鱼切成便于食用的大小，和②的生蔬菜一起装盘。将①的温泉蛋磕开，轻轻放到金枪鱼和生蔬菜上，再浇上④的沙拉汁或芥末酱油即可食用。

刺身里我最喜欢的就是金枪鱼。
其中金枪鱼中肥更是我们全家的心头好。
我家冰箱里塞满了买来的金枪鱼块。
每次吃刺身都用芥末酱油很容易吃腻，
所以我试着做了半烤金枪鱼，
再用它和满盘蔬菜以及温泉蛋一起做成沙拉。
一块金枪鱼块用来做刺身可能分量不够，
这样处理的话完全可以填饱肚子，对急于用餐的人来说也很方便。

用橄榄油快速煎制预先调好味的金枪鱼。煎到表面变成金黄色、内部一分熟状态即可。

寿司饭朝外的时候，下面已经铺好油纸了，所以不会粘在一起。放完配料后，套用做海苔卷的手法即可。

金枪鱼萝卜里卷寿司

用料 /6 个细卷的分量

寿司饭

- 米 2 合[1]
- 寿司醋（购买成品）3 大匙
- 酸橘汁 1~2 大匙

金枪鱼（中肥）1 大匙（200g）

日式腌萝卜末 适量

青紫苏 9 片

炒芝麻（白、黑）各适量

烤海苔 3 片

甜醋泡姜、酸橘或香橙、绿芥末酱、酱油 各适量

1　合：1合为0.1升。

做法

① 先做寿司饭。饭煮得偏硬，放入较大的碟中。浇上寿司醋后大动作搅拌。倒入酸橘汁。

② 金枪鱼（中肥）切碎后粗粗拍松。青紫苏切成左右两半。烤海苔也切成两半。

③ 在寿司帘上铺一层比烤海苔稍大的油纸，将烤海苔放在油纸上。用①的寿司饭的 ⅙ 铺满海苔。翻面，使海苔一面朝上。

④ 在中间稍微靠近自己一边的地方用金枪鱼中肥、2 大匙左右的腌萝卜末摆放成寿司芯，再放上 3 片青紫苏，然后卷起来。将卷完后的边缘朝下，轻轻按压。撤掉寿司帘和油纸。

⑤ 在盘子里撒上芝麻，放上④，慢慢在芝麻上滚动，让寿司饭的周围都裹上芝麻。剩下的材料也以同样的手法卷起来。

⑥ 切开，装盘，喜欢的话再附加甜醋泡姜。挤酸橘或香橙汁到寿司上，配上芥末酱油食用。

寿司店中卖的卷寿司中，我比较喜欢金枪鱼萝卜卷。
它味道甘甜，含有适度脂肪的中肥
和脆脆的腌萝卜搭配起来更是味道绝佳。
不管是用来做手卷寿司还是细卷寿司都很好吃，
所以我就做成了自己比较擅长的里卷寿司。
所谓的里卷寿司，就是寿司饭在外面
包住配料和烤海苔的一种寿司。
我在海外工作时也常向别人介绍这种寿司，很对他们的胃口。
将寿司饭涂满芝麻不仅会让成品看起来更美观，更可提升寿司的口味。

卷寿司的配料里
我比较喜欢金枪鱼中肥
搭腌萝卜

金枪鱼丸汤

用料 /4 人份

金枪鱼（中肥）1 块（200g）

日本薯蓣[1] 50g

稍大的葱末 ½ 根的分量

A

- 日本酒 ½ 大匙
- 盐、糖 各少许
- 太白粉 1 大匙

牛蒡 ⅓ 根

旱芹 ½ 根

水芹或鸭儿芹 适量

出汁 3 杯

味噌 3 大匙

味啉 1 大匙

酱油 ½ 大匙

姜泥适量

做法

① 金枪鱼中肥切碎后稍稍拍松。日本薯蓣去皮，切成小粒，剁碎后轻轻拍松。

② 将①放入碟中，加上葱末和 A 后搅拌。

③ 牛蒡切成 5cm 长的丝，泡水后充分沥干水分。旱芹去筋，切成 5cm 长的丝。水芹也切到 5cm 长。

④ 出汁入锅加热，放入牛蒡后再煮。

⑤ 将②的搅拌成果分成 4 等份，为每个人单独捏成 1 个大鱼丸。捏好后倒入④中。煮开后去浮沫，放入味噌，使味噌溶解，再倒入味啉和酱油调味。

⑥ 再煮开一次后放入旱芹和水芹，关火。装盘，配上一份姜泥。

---

1 日本薯蓣：山药中的一种。

金枪鱼丸需要先混合拍松的金枪鱼、日本薯蓣和葱末，加上调味料搅拌后再根据人数捏成对应数量的丸子。

如果对品种没有特殊要求的话，
现在一年四季都可以买到来自全世界海洋的金枪鱼。
如果选择价格可以接受的金枪鱼，用来做熟吃的菜也不用顾虑太多。
金枪鱼丸汤是用拍松的中肥煮出的汤，有些奢华，
但它口感松软，
与生吃的金枪鱼相比别有一番滋味。
用赤身做这道菜的话，鱼丸可能会缺乏弹性，
而中肥含有脂肪，用作鱼丸的材料极为合适。

萝卜

为避免根部的水分流失，带叶的萝卜可先将叶子部分切除。
接近头部的部分适合做沙拉或凉拌菜，正中部分可做炖菜，尾部则可用于做萝卜泥等。

萝卜扇贝沙拉

用料 /4 人份

萝卜 ⅓ 根（600g）
水煮扇贝（小）1 罐
青紫苏 10 片
蛋黄酱 ¼~⅓ 杯
鸡精 少量
盐、胡椒 各适量

做法

① 萝卜去皮，切成 5cm 长的萝卜丝。放入碟中，撒上少许盐后搅拌，放置片刻，待其变软后充分挤干水分。
② 开罐头取出扇贝，放入漏网中沥干汤汁。青紫苏竖着切成两半后再切丝。
③ 将萝卜和扇贝打散搅拌，倒上蛋黄酱，拌匀。用鸡精、盐、胡椒调味，配上青紫苏。
*若放置一段时间导致出水，则轻轻控去水分，再重新调味。

很少有蔬菜像萝卜这般随手可得，又有广泛的应用途径。
用萝卜可以轻松做出一份沙拉，这也是我丈夫必点的菜品。
萝卜只需切丝，用盐腌软后挤干水分，
和打散的罐装扇贝进行搅拌，加入蛋黄酱等调味，
再在食用前拌上青紫苏丝即可。
不知为何，这道菜如果不用罐装的扇贝，就做不出这种风味。
它味道清爽，又不失醇厚，当作下酒菜也是上佳之选。

萝卜泥煮炸鱼

用料 /4 人份

鱼块（鲽鱼等）2 块

萝卜泥 1~1½ 杯

盐 少许

太白粉 适量

油炸用油 适量

A

- 出汁 ½ 杯
- 酱油 3 大匙
- 味啉 2 大匙
- 糖 1 大匙

切成小圈的青葱 适量

做法

① 萝卜去皮，擦成泥。

② 将 A 倒入锅内，调匀加热。

③ 鱼块拭干水分，撒上少许盐后轻涂一层太白粉，用热好的油炸至酥脆，保证内部也炸熟。

④ 将刚炸好的鱼放入②中，再倒入轻轻控去水分的萝卜泥，快速搅拌。

⑤ 装盘，喜欢的话可以再加青葱。

将刚炸好的鲽鱼放入热好的汤汁中，再加入萝卜泥，和汤汁一起拌匀。汤汁不要过热，才能较好地保留萝卜泥的营养成分。

正如荞麦面店的菜单中有萝卜泥荞麦面一样，
萝卜泥与充分发挥出汁风味的咸甜味炖菜也是绝配。
这道萝卜泥煮炸鱼，我选用炸至酥脆的鲽鱼，
倒入咸甜味的汤汁中，再加上萝卜泥搅拌而成。
如果想要突显萝卜泥的洁白之色，也可只将其盖在菜上。
有了水灵灵的萝卜，吃饭会感觉到胃口大开。
萝卜泥的做法因人而异，
不过使用竹制磨泥器磨出的萝卜泥较大、水分也较少。

萝卜泥
是另一种调味料

土佐醋腌萝卜与海带卷三文鱼

充分发挥出汁美味的土佐醋渗入萝卜，味道清爽。
配上海带卷三文鱼交替食用的话，
可清除口中残留的油脂，令人尽情享受两种不同的鲜美口味。

用料 /2 人份

●海带卷三文鱼

三文鱼（刺身用）1 块 出汁海带适量

●土佐醋腌萝卜

萝卜 6cm 长（350g）

盐 ⅓ 小匙　洋葱 ¼ 个

A（出汁 1 杯 醋 4 大匙 糖 2 大匙 薄口酱油 2 大匙 盐少许）

姜丝 1 片的分量　切成小圈的红辣椒 1~2 根的分量　绿芥末泥、姜泥、酸橘、酱油 各适量

做法

① 先做海带卷三文鱼。海带切至与三文鱼相衬的大小，快速水洗后拭去水分。三文鱼用海带夹住，再加保鲜膜包起来，放入冰箱冷藏 3~4 小时。

② 做土佐醋腌萝卜。萝卜去皮，切成 6cm 长的短片，倒入碟中。涂上盐后放置片刻。萝卜软化后充分挤干水分。洋葱切成薄片，用冷水浸泡后充分控干水分。

③ 将 A 调匀，制作腌制酱汁，倒入萝卜、洋葱、生姜和红辣椒后搅拌。放入冰箱冷藏片刻，等待入味。

④ 海带卷三文鱼切成薄片后装盘，喜欢的话可以加绿芥末、姜泥、酸橘或酱油。土佐醋腌萝卜装至其他容器中，和三文鱼交替食用。

萝卜猪肉汤

萝卜、胡萝卜和芋头切成大块后的感觉都更接近炖菜，而不是汤菜，口感绝佳。
猪肉采用切成薄片的肩里脊，可使汤汁更具风味。

用料 /4 人份

萝卜 500g
胡萝卜 1 根
芋头（小）4 个
猪肩里脊肉薄片 150g
油炸豆腐块 1 片
出汁 6 杯
味噌 5~6 大匙
切成小圈的大葱（已泡水）、五香辣椒粉 各适量

做法

① 萝卜去皮，切成 2cm 宽的扇形。胡萝卜也去皮，切成 1.5cm 宽的圆形或半圆形。芋头去皮，每个切成 4 份。
② 萝卜与胡萝卜一起轻轻焯一下，芋头单独轻轻焯一下。
③ 猪肉切成 2~3 等份。油炸豆腐块用沸水去油后，切成 12 等份。
④ 出汁倒入锅中煮开，放入萝卜和胡萝卜后稍煮片刻。再加入猪肉和芋头，再次煮开后撇去浮沫。再稍煮片刻，待蔬菜变软后放入油炸豆腐块，倒入味增，使之溶解。
⑤ 装盘，放入大葱，喜欢的话可再加五香辣椒粉。

裙带菜

裙带菜是味噌汤不可或缺的配料。早春时市面上也会贩售新采摘的裙带菜。
先用水泡发到不影响口感的程度，再充分控干水分后以备烹饪。

裙带菜乌冬面

用料 /4 人份

裙带菜（已泡发）300g
芝麻油 2 大匙
酱油 2 大匙
味啉 1 大匙
和风鲣鱼精 少许
日式面酱汁
- 出汁 5 杯
- 薄口酱油 3 大匙
- 糖 1 大匙
- 日本酒 1 大匙
- 味啉 2 大匙
- 盐 1 小匙多

焯乌冬面 3 团
切成小圈的大葱（已泡水）、生姜丝、鲣鱼片、五香辣椒粉 各适量

做法

① 裙带菜粗粗切成 2~3cm 长。
② 芝麻油倒入平底锅加热，快速煸炒裙带菜。倒入调匀的酱油和味啉，关火。快速将味道搅匀，加入鲣鱼精调味。
③ 做日式面酱汁。出汁倒入锅中加热，倒入调味料。
④ 乌冬面加热，倒入容器，浇上滚烫的面酱汁，放入适量②的裙带菜。加上大葱、生姜、鲣鱼片，撒上五香辣椒粉即可食用。

裙带菜倒入芝麻油中快速煸炒，用酱油和味啉调味。加上竹笋一起炒，可以做成下饭的菜。

裙带菜用水泡发后会呈现出一种透明感，煮熟时颜色又会变得鲜亮起来。
这虽然是日常的烹饪过程中司空见惯的景象，却仍让我觉得赏心悦目。
我家常备的是鸣门的盐渍裙带菜和灰干[1]裙带菜。
每年的早春季节，在老家的母亲
都会将这些和天然晒干的裙带菜一起寄给我。
诀窍是用水泡发后不要一直泡着，而应立刻挤干水分。
用芝麻油炒裙带菜，再摆在素乌冬面上即可食用。
这道菜做起来方便快捷，是肚子有些饿时的上佳之选。

1 灰干：指不用晒干，而是用吸水率高的灰去除食物水分的干货。

微波炉焗裙带菜、竹笋和蟹肉

用料 /4 人份

裙带菜（已泡发）150g

煮竹笋（小）3 个

蟹肉（已煮）100g

白汁

- 黄油 3 大匙
- 低筋面粉 3 大匙
- 牛奶 2 杯
- 鲜奶油 ¼ 杯
- 清汤颗粒 1 小匙
- 盐、胡椒 各少许

比萨用奶酪 100~150g

做法

① 裙带菜粗粗切至 5~6cm 长。竹笋切成较厚的梳子形。

② 从蟹壳中取出蟹肉，去除软骨，拆成大块。

③ 做白汁。将黄油倒入平底锅内，使之融化。加低筋面粉，开始炒，注意不要炒焦。一边慢慢倒入牛奶一边搅拌，搅至看不出粉感后一边加鲜奶油一边稍煮片刻，用清汤颗粒、盐、胡椒调味。

④ 关火，倒入蟹肉和裙带菜后稍加搅拌。

⑤ 在 2 人份的耐热容器中倒入一半竹笋，浇上④。将比萨用奶酪进一步切碎后，洒满表面，轻轻蒙上保鲜膜，放入微波炉中加热 4 分钟左右。剩下部分也做同样处理。

我家从早饭的味噌汤开始，再到沙拉、醋拌凉菜、刺身的配菜、面的配料、炒菜为止，

可谓不可一日无裙带菜。

举例来说，春季可以与春笋一起做成炖菜，又可以做成焗菜。

除了日式风味外，它在西餐中一样可以大放光彩，这就是裙带菜的魅力所在。

这道微波炉焗菜是用白汁浇在

稍加搅拌的蟹肉和裙带菜上，

不需烧烤，只要用微波炉加热至热气腾腾即可食用。

这道菜似乎介于
西式炖菜与焗菜之间

裙带菜鸡肉煮豆腐

用料 /4 人份

裙带菜（已泡发）200g
鸡腿肉 1 片
油炸豆腐块 2 片
出汁 2 杯
酱油 5 大匙
糖 1 大匙
日本酒 1 大匙
味啉 4 大匙

做法

① 裙带菜粗粗切成 3~4cm 长。
② 鸡肉切至可以一口食用的大小。油炸豆腐块用沸水去油，控干水分后每片切成 6 等份。
③ 出汁倒入锅内加热，加入酱油、糖、酒和味啉。煮开后按顺序加入鸡肉和油炸豆腐块，稍煮片刻，待汤汁只剩一半后倒入裙带菜，入味后关火。

加裙带菜的时机要选在即将煮好时。将裙带菜浸入剩下的汤汁中，入味后即刻关火，这样可保留它的口感。

要说我家的基本菜色中有哪道能让我们大口大口地吃海带，
那么必然要选择“金平莲藕海带”（见本书第 43 页）
和这道“裙带菜鸡肉煮豆腐”了。
要点是裙带菜倒入汤汁后，不可煮太长时间。
盐渍裙带菜快速水洗后即可使用，在平时的烹饪中很是顺手，
但干裙带菜用惯了也一样便捷。
我认为干裙带菜泡发后的香味更为诱人，
加入炖菜后的味道也更为浓郁。

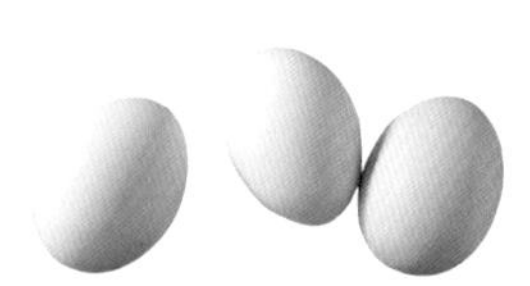

鸡蛋

鸡蛋用途广泛，做菜做点心都派得上用场，可谓是每天都会用到的食材。
保存时将尖头朝下，放入冰箱冷藏，以避免温度的变化。

半熟鸡蛋沙拉

用料 /4 人份

鸡蛋 4 个
绿芦笋 1 捆（180g）
荷兰豆 1 包（150g）
盐 少许
帕尔玛奶酪、罗勒酱（购买成品）、鲣鱼片、酱油 各适量

做法

① 将鸡蛋降回室温。用锅煮开水后关火，放入鸡蛋，盖上锅盖放置 8 分钟左右。如没有锅盖，可用铝箔盖紧。也可将鸡蛋放到大口的保温瓶等保温容器中，倒入开水，盖上盖子。

② 芦笋去除根部的硬实部位和叶鞘。荷兰豆去筋。分别放入加盐的沸水中焯烫。泡入冷水中，捞出充分控干水分。

③ 在芦笋上撒上帕尔玛奶酪泥。半熟鸡蛋则可按照个人口味选择加不加混有罗勒酱的酱汁再食用。荷兰豆倒上鲣鱼片和酱油，这与半熟鸡蛋是绝配。喜欢的话可再加面包。

将降至室温的鸡蛋放入锅内开水中，焖出软软的半熟鸡蛋。如锅不带锅盖，可用铝箔盖紧。

将鸡蛋打在刚出锅的米饭上，加上花椒小鱼干或碎烤海苔、切碎的柴渍等，再稍微浇些酱油，
这就是我吃鸡蛋时最喜欢的吃法之一。
论起简单性来，半熟鸡蛋和温泉蛋的做法要点一致，
用于搭配焯蔬菜，做法简便又有些美观，极为实用。
直接用黏稠的蛋黄充当酱汁也已足够美味。
配上多种生蔬菜或焯过的香肠
更给人分量十足之感。

煮猪肉和煮鸡蛋

用料 /4 人份

鸡蛋 6 个
猪肩里脊肉（块）400g
胡萝卜（大）½ 根
煮竹笋 1 根
四季豆 80g
色拉油 少许
酱油 ½ 杯
日本酒 ¼ 杯
糖 1 大匙
大葱的葱绿部位 适量
拍碎的生姜 1 片的分量
日式黄芥末 适量

做法

① 鸡蛋煮后去壳。猪肉切成 3~4cm 的块状。
② 胡萝卜去皮，切成 2~3cm 宽的扇形或半圆形。竹笋也切成类似大小。四季豆去筋，切成一半长度后焯煮。泡入冷水中，捞起后控干水分。
③ 平底锅中倒入色拉油加热，放入猪肉，煎至表面金黄。用厨房纸巾拭去多余油脂，加水至正好没过猪肉，调成强火。
④ 煮开后撇去浮沫，加入酱油、酒、糖、大葱、生姜，调小火力，盖上比锅小一圈的锅盖，煮 30 分钟左右。
⑤ 取下锅盖，按顺序放入白煮蛋和②的蔬菜，再煮 10 分钟左右。
⑥ 关火，直接放置片刻，使之入味。
⑦ 鸡蛋切成两半，和猪肉、蔬菜一起装盘。喜欢的话可再加日式黄芥末。

做煮猪肉时，煮鸡蛋本来只是放进去做个配菜，
却总是大受欢迎，被抢先消灭一空，
于是我意识到，可以一开始就多煮些鸡蛋。
猪肉选用含有适量肥肉的肩里脊肉最适合炖煮。
煮上 30 分钟左右，猪肉变软后，
再放入鸡蛋和蔬菜，使之煮透入味。

鸡蛋总比猪肉
先被抢光

软软布丁冻

用料 /6~10 大、小杯的分量

鸡蛋 2 个
蛋黄 2 个的分量
糖 40g
牛奶 1½ 杯
A
- 明胶粉 1 袋（5g）
- 水 2 大匙

鲜奶油 ½ 杯
香草精 少许
焦糖酱
- 糖 50g
- 水 1 小匙
- 热水 ¼ 杯

做法

① 将 A 的明胶粉倒入如用料所示量的水中，轻轻搅拌，使之泡涨。
② 将蛋和蛋黄放入碟中，加糖后用打蛋器充分搅拌。
③ 牛奶倒入锅中后开火，在即将沸腾时关火，用硅胶铲子将①的明胶全部转移至锅中，充分搅拌，使之溶解。
④ 将③倒入②中，搅拌均匀。过滤一次，去除粉感，直接放置片刻，等待余热消除。
⑤ 将④的碗碟放在冰水上，加入鲜奶油和香草精，搅拌至略带黏稠的状态，待其冷却。
⑥ 倒入容器中，放入冰箱冷藏，待其凝固。
⑦ 做焦糖酱。在小锅内倒入糖和水，开小火。同时摇晃小锅，煮至茶褐色后关火，倒入热水搅拌，待其冷却。
⑧ 在⑥的布丁上浇上焦糖酱食用。

为了打造出柔嫩的口感，明胶的量要控制在刚好能凝固起来的状态。用硅胶铲子将之干干净净地刮到锅中，再使之充分溶解。

这种布丁冻入口即化。
和烤布丁相比又别有一番风味，是很受我家欢迎的一道甜点。
为了打造出布丁的醇厚口感，在鸡蛋外额外再加蛋黄。
要点是明胶的量要控制好，刚好能凝固起来即可。
所以这道布丁不需处理即可倒进玻璃杯中，
待其冷却凝固后直接上桌。
焦糖酱是分开制作，另装一杯的，
这样可以保证每个人都能按照自己喜欢的口味添加食用。

第
2
章

3种有用的常备蔬菜

无论春夏秋冬，大多数家庭都常备土豆、胡萝卜和洋葱这3种蔬菜。做咖喱、土豆沙拉、炖菜等菜肴时，若是没有它们，就无法烹调出不同家庭所独有的家常风味。而做小菜或是用来下饭时，这3种食材也总能大显身手，真可谓是厨房好帮手。

儿媳的老家在北海道，
所以到了土豆应季之时，我便会劳烦她寄一些过来。
另外，我也有朋友在近郊种植土豆，
所以这种蔬菜对我来说很是常见的。
我平时会将土豆装在铺着英文报纸的篮子里，
放在厨房中的目力所及之处。
土豆果然还是趁新鲜时吃最好，无论是做土豆沙拉
或是玉棋（意式土豆团子），都能品尝到鲜嫩多汁的绝佳口感。
稍微放置一段时间后的土豆也有合适的吃法，
我常用来做成味道较重的金平菜等。

用胡萝卜做菜，可先学会要使用一整根胡萝卜的菜色。
有剩余时，我会用来做西式腌胡萝卜
或者胡萝卜金枪鱼沙拉。

如果没有洋葱，我心爱的日式煎肉饼、
牛肉盖饭、滑蛋鸡肉饭、咖喱、蛋包饭都无从下手了。
洋葱这种食材可使菜肴更为甘甜，提升其口感，打造出独特风味。
保存时和土豆一样，可装在篮子里，避免受热。

这三种蔬菜是我家不可或缺的常用食材，
以至于若是存货用光，我就会感到坐立不安。

土豆

选土豆时，建议选体形丰满、表皮有弹性、拿起来有重量感的。
焯煮时基本使用冷水。如使用微波炉，则更为简便。

土豆团子、微波炉番茄酱

用料 /4 人份

●土豆玉棋

土豆 2 个（净重 200g）

黄油 3 大匙

A

- 高筋面粉 50g
- 低筋面粉 50g

盐 少许

●微波炉番茄酱

- 洋葱细末 4 大匙
- 大蒜细末 2 大匙
- 橄榄油 3 大匙
- 去皮番茄 1 罐（400g）
- 罗勒 2 根
- 清汤颗粒 1 小匙
- 盐、胡椒 各少许

帕尔玛奶酪、粗胡椒粉、罗勒叶 各适量

做法

① 做微波炉番茄酱。将洋葱和大蒜放入耐热碟中，浇入橄榄油，包上保鲜膜后放入微波炉，加热 4 分钟左右。将番茄捣烂，连同罐中汤汁一起倒入，不加保鲜膜，加热 7 分钟左右。趁热加入罗勒，用清汤颗粒、盐、胡椒调味。

② 做团子。土豆去皮，切成 4 份，用冷水浸泡后充分控干水分。放入铺着厨房纸巾的耐热碟，包上保鲜膜后用微波炉加热 4 分钟左右。取出纸巾，趁热捣烂土豆，放入黄油。

③ 将 A 的粉末筛入②中，撒盐后搅拌均匀。搅拌后的成果分成 2 等份，分别压成棒状，切成 2~3cm 长。用叉子轻压表面，使之出现格子状的痕迹。

④ 煮一大锅开水，加入③开始煮。待③浮出水面后，捞出至漏网。

⑤ 将刚煮好的④的团子装盘，加上热腾腾的①的番茄酱。撒上磨成泥的帕尔玛奶酪、粗胡椒粉，配上罗勒叶。

这里的土豆团子是一种
用面粉黏结煮熟的土豆或南瓜
做成的意大利面食。
上手一试就会发现做法出人意料地简单。
成品也很是美观，招待客人时会很受欢迎。
可以配上番茄酱来享受刚煮好的热腾腾的团子，
也可以加上帕尔玛奶酪或喜欢的香草、黄油食用。
这种番茄酱做法简单，极为便利。

咸甜粉吹芋

黄油可打造出味道醇厚、略带西式风味的粉吹芋。
若想做成餐桌上的小吃，可加分量相近的糖和酱油，
想做成下午茶点心的话，可稍微多加一些糖用以调味。

用料 /4 人份

土豆 5 个（600g）
酱油 2 大匙
糖 2~2½ 大匙
黄油 1 大匙

做法

① 土豆去皮，切成 4 份，用冷水浸泡后煮至松软。
② 酱油和糖倒入锅中，煮开后放入刚煮好的土豆，使土豆一边吸收汤汁一边煮透。
③ 汤汁吸收完后放入黄油，使土豆每个部位都沾满黄油。

黄油风味的咸甜感令人怀念

用料 /4 人份

土豆 3 个
旱芹 1 根　大葱 1 根
大蒜 2 瓣　银鳕鱼块 2 块
A
（盐、胡椒各少许 日本酒 1 大匙）
汤（水 4 杯 清汤颗粒 1 小匙）
香叶 2 片　牛奶 1 杯
混合干燥香草　适量
盐、胡椒　各少许

做法

① 土豆去皮，切成 7~8mm 宽的圆片，用冷水浸泡后充分控干水分。
② 旱芹去筋，和大葱一起切成 7~8mm 宽的小圈。大蒜拍碎。
③ 银鳕鱼每块切成 4~5 片薄片，用 A 预先调味。
④ 汤倒入锅中煮开，放入土豆、旱芹、大葱、大蒜、香叶再煮。
⑤ 土豆变得松软后放入③的银鳕鱼。如煮出浮沫则撇去，撒入混合香草。
⑥ 倒入牛奶，稍煮片刻，用盐、胡椒调味。

银鳕土豆汤

我喜欢土豆和含有油脂的银鳕鱼的搭配，
常用它们做汤或可乐饼的配料。
用满满一杯牛奶煮出的汤有着家的味道，令人安心。

五色金平

用料 /4 人份

土豆 1 个（120g）

胡萝卜 ½ 根（80g）

四季豆（较细）100g

炸鱼肉饼 2 片

海带丝（生）250g

色拉油 1 大匙

A

- 糖 1 大匙
- 味啉 1 大匙
- 酱油 5 大匙

做法

① 土豆、胡萝卜去皮切丝。土豆用冷水浸泡后充分控干水分。

② 四季豆去筋，按长度切成 3 等份。炸鱼肉饼也切至相似宽度。海带丝切成便于食用的大小。A 调匀备用。

③ 将土豆、胡萝卜、四季豆一起平放在铺有厨房纸巾的耐热容器中，包上保鲜膜，用微波炉略微加热 2 分 30 秒左右。

④ 用平底锅加热色拉油，放入③的蔬菜，快速煸炒后倒入炸鱼肉饼。

⑤ 加入 A 的调味料，混合炒匀，关火后放入海带丝，快速搅拌使之入味。

这道菜品可享受到土豆的爽脆口感。
配上蔬菜、海藻、炸鱼肉饼等五种配料后，
味道与色泽都自然而然地得到提升，令人不禁食指大动。

薯饼

用料 /1 片的分量

土豆 3 个

低筋面粉 1 大匙

黄油、色拉油 各 1½ 大匙

盐、胡椒 各少许

番茄酱、黄芥末酱 各适量

做法

① 土豆去皮，切成细丝。不要用冷水浸泡，直接放入碟中，撒上低筋面粉，让土豆每个部位都涂到面粉。

② 用平底锅加热一半黄油和一半色拉油。将①的土豆平铺在锅中，稍微撒一些盐和胡椒后煎烤。煎至金黄色后，再倒入剩下的黄油和色拉油，将土豆翻面，撒上盐和胡椒，以同样手法烤制。

③ 土豆煎熟，变得酥脆后装盘。切开，喜欢的话可加上番茄酱或黄芥末酱再食用。

土豆不用冷水浸泡，可保留淀粉质，
再与低筋面粉混合后，可煎烤成一片薄脆的薯饼。
可加份煎鸡蛋，一起端上早餐餐桌，
也可用作牛排的配菜或是孩子们的点心。

胡萝卜

生胡萝卜可以做成沙拉或西式腌菜，熟食则可广泛运用于炒菜、煮菜和汤类等菜肴。
它色彩鲜艳，可为餐桌增色。保存时需拭去水分后放入冰箱冷藏。

胡萝卜煮猪肉

用料 /4 人份

胡萝卜（大）1 根（300g）

五花肉薄片 100g

A

- 出汁 1 杯
- 酱油 2 大匙
- 糖 2 大匙
- 味啉 2 大匙

做法

① 胡萝卜去皮，切成 1.5~2cm 宽的圆片。猪肉按长度切成两半。

② 平底不粘锅热锅，猪肉逐片摊平煎烤，取出。

③ A 和胡萝卜倒入锅中，再在上面放上猪肉，开火。

④ 煮开后盖上比锅小一圈的锅盖，煮至汤汁变少。放置片刻，等待入味。

做成煮菜可以用上整根胡萝卜，
令人觉得自己摄取了大量蔬菜，极有安全感。
这种煮法将猪肉放在切成大块的胡萝卜上，
可避免猪肉的风味流失，同时保留住两者的绝佳味道。

西式腌胡萝卜、卡帕奇欧风章鱼

用料 /4 人份

胡萝卜（大）1 根

生姜（大）1 片

A

- 寿司醋（购买成品）½ 杯
- 醋 ½ 杯
- 糖 1 大匙
- 薄口酱油 ½ 小匙

章鱼脚（已煮）适量

帕尔玛奶酪、橄榄油、粗胡椒粉 各适量

做法

① 胡萝卜去皮，切成 5~6cm 长的细丝。生姜也切丝。

② 将用 A 调匀而成的腌泡汁倒入①中，在冰箱中冷藏片刻，使其入味。

③ 章鱼切成薄片。

④ 在容器中铺上②，放上章鱼，撒上磨碎的帕尔玛奶酪，浇上橄榄油和粗胡椒粉即可食用。

胡萝卜切丝，做成生姜风味的西式腌菜。
配上章鱼一起食用，可谓是天作之合。
蔬菜切丝的关键在于要选一把锋利的菜刀。
如果能体会到应手而断的快感，一定会喜欢上切丝的。

胡萝卜饭

用料 /4 人份

米 2 杯

A

- 薄口酱油 1 大匙
- 味啉 1 大匙
- 出汁 适量
- 盐 少许

细切牛肉 150g

胡萝卜 1 根

色拉油 少许

B

- 酱油 2 大匙
- 味啉 2 大匙
- 糖 1½ 大匙

粗胡椒粉、碎烤海苔 各适量

做法

① 米淘好后放入漏网。

② 在 A 的薄口酱油、味啉里倒入出汁，取出 2 杯的分量，加盐。

③ 在电饭锅中放入①的米和②，开始煮。

④ 牛肉切成 2cm 的块状，胡萝卜去皮，切成 1.5cm 的薄块。

⑤ 用平底锅热色拉油，炒牛肉。肉色改变后放入胡萝卜，快速煸炒。倒入 B 的调味料，煮到汤汁收干为止。

⑥ 饭煮好后加上⑤，快速搅拌，使之混合。

⑦ 装盘，喜欢的话可再撒粗胡椒粉，放上碎烤海苔。

这道米饭混合了咸甜的煮牛肉。
可能是因为最近的胡萝卜生吃也没有特别的味道，
不喜欢吃胡萝卜的人似乎也变少了，这样这种饭的接受范围应该更为广泛了。
我喜欢在饭上放一点烤海苔，再卷起来吃。

胡萝卜香草汤

用料 /4 人份

胡萝卜 1 根

蘑菇 1 包

洋葱 ¼ 个

旱芹 ½ 根

鸡腿肉 ½ 片（100g）

香草

- 罗勒、意大利香芹 各 3~4 根
- 百里香 3~4 根

橄榄油 3 大匙

水 6 杯

清汤颗粒 1 大匙

盐、胡椒 各少许

做法

① 胡萝卜去皮，切成 5mm 的块状。蘑菇去掉菌柄，和洋葱一起切成 5mm 的块状。旱芹去筋，分别切成 5mm 的块状。

② 鸡肉切成 1cm 的块状。

③ 香草去除硬梗，切碎。

④ 在锅中倒入 1 大匙橄榄油，加热，放入②的鸡肉开始炒。一边倒入剩下的油一边炒①的蔬菜。

⑤ 倒入水和清汤颗粒，煮开后撇去浮沫，调小火力。放入③的香草，炖煮 20~30 分钟，用盐和胡椒调味。

这种汤用上了大量切碎的蔬菜，又充分发挥了香草的风味，
对我来说略带异国风味。
做时也会用到以胡萝卜为主的剩余蔬菜，
同时起到了对冰箱库存的清理作用。

用来配饭、煮汤
都风味绝佳

洋葱

选洋葱时要选表皮干燥、色泽鲜亮的。
垂直地切断纤维的话，洋葱会在短时间内变得柔软，可缩短炖煮时间。

牛肉盖饭

用料 /4 人份

细切牛肉 500g
洋葱 4 个（800g）
白酒 2 杯
水 1 杯
酱油 ¾ 杯
味啉 ¾ 杯
糖 4~5 大匙
米饭、红姜、腌白菜 各适量

做法

① 洋葱去皮，切成左右两半，再按照切断纤维的方式切成 1cm 宽。
② 牛肉如果较大，则切成小块。
③ 在锅内倒入白酒和水，开火，煮开后放入摊平的牛肉。煮出浮沫则撇去，调小火力后煮 10 分钟左右。
④ 倒入酱油、味啉和糖，盖上比锅小一圈的锅盖，再煮 10 分钟左右。
⑤ 放入①的洋葱，煮到洋葱变得透明柔软为止。
⑥ 米饭装盘，将⑤连同汤汁一起倒到饭上。喜欢的话可再配红姜、腌白菜。

这是我家的多汁牛肉盖饭，
要点是要用上大量洋葱和白酒。
洋葱能煮到松软，
是因为先横着切断了它的纤维，再去煮熟。
每次吃完我都觉得，做饭时该多放一些才是。
如果家里有食欲旺盛的孩子，
可以在烹饪时多放价格实惠的细切牛肉。
但只需做夫妻两人份时，
可以用质量稍好的细切牛肉做一半的分量。

南蛮风味腌鲑鱼

用料 /4 人份

生鲑鱼块（大）3 块

洋葱 1 个

旱芹 1 根

胡萝卜 ½ 根

A

- 出汁 1 杯
- 醋 ¾ 杯
- 糖 4 大匙
- 酱油 3 大匙
- 盐 少许

香橙或柠檬汁 2 大匙

切成小圈的红辣椒 2 根的分量

生姜丝 1 片的分量

盐、胡椒 各少许

低筋面粉 3 大匙

油炸用油 适量

做法

① 鲑鱼切成便于食用的大小。

② 洋葱去皮，切成左右两半后再切成薄皮。旱芹去筋，和胡萝卜一起切成 4~5cm 长的细丝。

③ 将 A 调匀制成腌泡汁，加上香橙或柠檬汁。

④ 对鲑鱼稍撒一些盐和胡椒，涂上低筋面粉，用热好的油炸至酥脆。去油，趁热腌泡在③中。

⑤ 加入②的蔬菜、红辣椒和生姜。如有香橙，还可放入削成薄片的香橙皮，放置片刻，等待入味。

南蛮风味腌菜在腌好的几天内都会保留住其美味，
因此我在离家外出之前，常为丈夫预备这种菜。
可能会有人认为用作佐料的蔬菜放太多了，
但这道菜的要点就是要多放洋葱、旱芹和胡萝卜。
生洋葱可消除肉和鱼的腥味，
但这里使用它是为了做出蔬菜丝的沙拉感，
打造甜醋风的美味。
请将它当作炸鲑鱼的配菜享用。
也可稍做变化，将鲑鱼换成小竹荚鱼、鲐鱼、鸡肉等。

本道菜品中的洋葱与其说是佐料
不如说是沙拉配菜

焗洋葱汤

用料 /4 人份

洋葱 2 个（400g）
黄油 1 大匙
橄榄油 1 大匙
大蒜末 1 瓣的分量
水 5 杯
清汤颗粒 1½ 大匙
盐、胡椒 各少许
法式长棍面包、帕尔玛奶酪 各适量

做法

① 洋葱去皮，切成左右两半后再切成薄片。
② 用深底的平底锅加热黄油和橄榄油，用中火炒洋葱，同时快速搅拌，以去除其中的水分。
③ 调成小火，慢炒至洋葱变成琥珀色。中途将大蒜末也放入平底锅中，一起炒。
④ 在③中倒入水和清汤颗粒，煮开后撇去浮沫，稍煮片刻后用盐和胡椒调味。
⑤ 长棍面包切成 1cm 宽后再烤。
⑥ 将④装盘，放上⑤，撒上磨碎的帕尔玛奶酪，趁热食用。

将洋葱慢慢炒至琥珀色。炒时充分摊开可让洋葱更快变色。

这道菜保留了焗洋葱汤的传统风味，
又稍微降低了浓厚的口感，使人饮用时更易入喉。
将洋葱慢慢炒至琥珀色
是这道汤最为关键的要诀。
只要彻底贯彻这一要诀，剩下的步骤都不在话下。
趁冒着热气之时享用
是这道汤的最佳品尝方式。
所以用小砂锅或可直接加热的容器做好再端上餐桌，
可让大家加倍享受这份热气腾腾的美味。

第3章

春夏秋冬的独特美味

有些食材一年四季都随手可得，但也有些食材若是错过当季，则难以买到，又或是买到也缺少原有风味。这一章会介绍一些比较容易买到的时鲜，例如春季的竹笋、冬季的芋头等。希望能使年轻人也在餐桌上品尝到四季的美味。

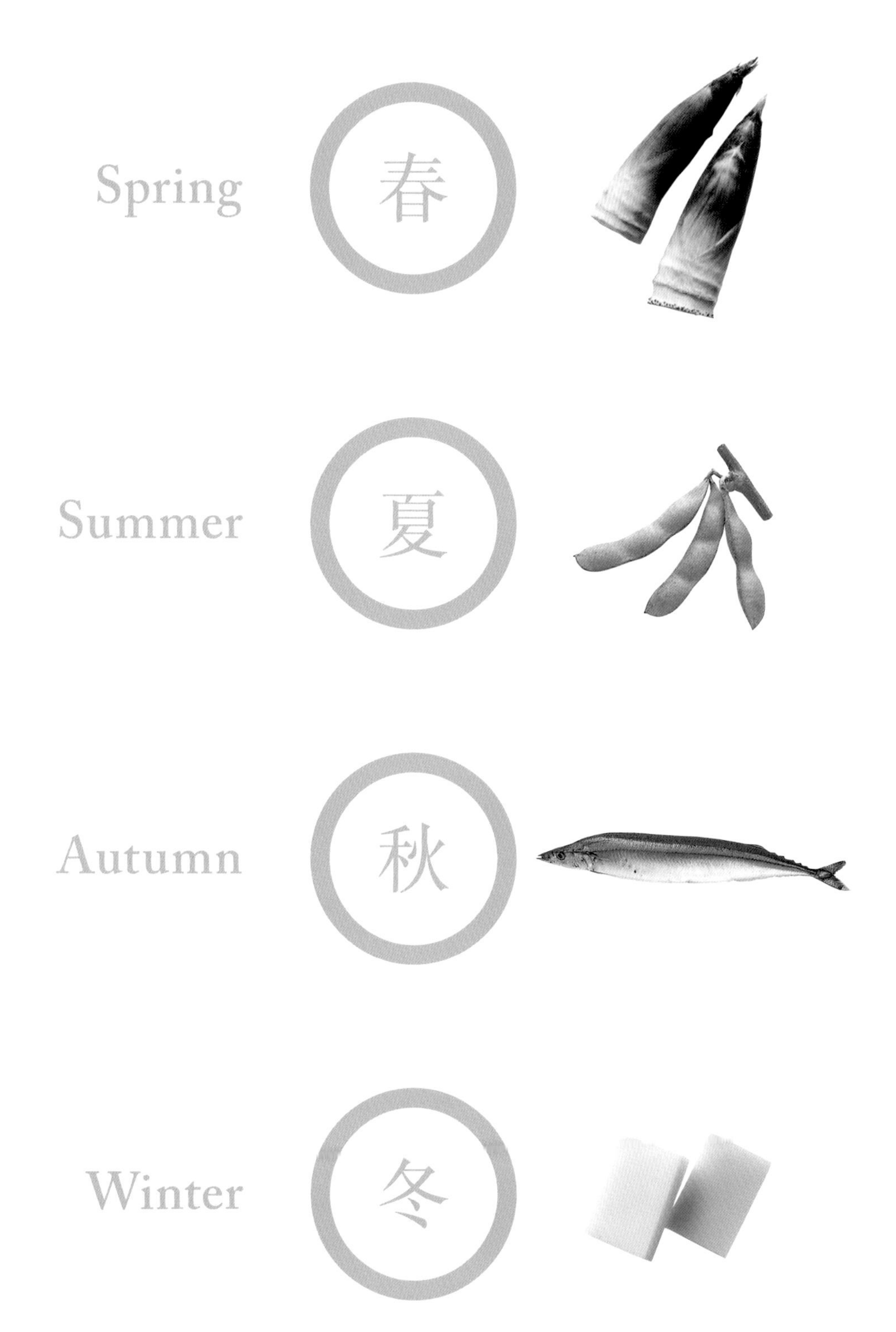
Spring
春
Summer
夏
Autumn
秋
Winter
冬

春天是我最喜爱的季节。
看到新笋、土当归[1]、鸭儿芹或蜂斗菜等时鲜摆放在店面中，
我就像看到季节的萌芽一般，极为开心。
尤其是新笋，是春季独有的食材。
趁它新鲜时烫煮烹饪，
则可享受到别具一格的美味与口感。

夏季的蔬菜极为丰富。像黄瓜、番茄、茄子、青椒等，
现在一年四季都可买到，但本是夏季的时鲜。
在这些蔬菜中尤为适合炎夏的
是刚煮好的美味毛豆和玉米。
这种味道令人不禁想配上冰啤酒一起享用。

自秋至冬的鱼贝类也是种类繁多。其中位列第一的便是秋刀鱼。
简单的盐烤秋刀鱼和香味煮都与新米煮出的米饭是绝配。
栗子要剥皮，有些麻烦，
但想到这也是一年只有一次的事，就让人控制不住购买的欲望了。
冬季中还包含了过年，所以日式年糕也是常吃的食物。
杂煮是我家在冬季的基本汤品之一。
黏糊糊的芋头也堪称严冬滋味的化身。

再回忆一次日本四季的食材，
对当季时鲜保持敏感的话，应该能让餐桌上的菜品更为丰富。

1　土当归主要的药效来自于根，茎叶虽然药效不大，但却是做菜的好材料，所以一般采用其根作为药材，茎叶做菜食用

春

新笋与土当归在地下慢慢蓄积力量。
虽然做起来有些费事，却会为我们提供值得一尝的春季美味与口感。

竹笋

一般来说，孟宗竹的竹笋从 3 月末到 5 月左右最为当季。
煮汤或做凉拌菜可用笋尖部位的薄片，而要煮菜则适合用切得略厚的笋根部位。

竹笋芝麻汤

用料 /4 人份

煮竹笋
（笋尖的柔嫩部位）150g
出汁 4 杯
味噌 4 大匙
芝麻酱 4 大匙
花椒粉 适量

做法

① 将笋尖的柔嫩部位切成 3~4cm 长的薄片，充分拭去水分。
② 出汁倒入锅内加热，放入竹笋，煮开一次后放入味噌，使之溶解，关火。
③ 在芝麻酱中加上少许②的汤汁，溶解后放入锅中搅拌。
④ 装盘，撒上花椒粉。

樱花绽放之时，也就到了我最喜欢的季节。
收到朋友寄给我的整箱刚挖出的竹笋后，
我会动用家里所有的大锅来煮。
待竹笋冷却后，又是和米饭一起煮，又是烤，又是炒，
又或者做成土佐煮、芝麻汤、西式腌竹笋，总之我家每天都离不开竹笋。
芝麻汤是一种具有芝麻风味、口感醇厚的味噌汤，
是我自小吃惯了的味道，可以说继承自我的母亲。
竹笋可用于做各种配料的味噌汤或煮菜，
但无论如何，这个季节最令人垂涎的还是这道芝麻汤。

竹笋将笋尖斜着切下来，刻上切口，加上糠和红辣椒，煮到竹笋松软为止。直接放置一夜后去皮，保存时用冷水浸泡，放入冰箱冷藏。

春

西式腌竹笋

用料 /4 人份

煮竹笋
（笋尖的柔嫩部位）200g
生火腿、花椒芽、
帕尔玛奶酪 各适量
橄榄油 1~2 大匙
盐、粗胡椒粉 各适量
柠檬汁 适量
面包棒 适量

做法

① 竹笋笋尖的柔嫩部位切成 3~4cm 长的薄片，用手轻轻挤去水分。
② 生火腿撕成便于食用的大小。花椒芽用手粗粗撕碎。
③ 将①倒入碟中，按顺序倒入橄榄油、盐、粗胡椒粉、柠檬汁，加以搅拌。
④ 在③中加入②，撒上帕尔玛奶酪，搅拌混合后装盘。喜欢的话可再配面包棒。

以前，我在外国遇到过一种蔬菜，
让我觉得“味道好像竹笋”，
那就是洋蓟。
它会在初春时上市，需煮后再吃，这一点也很像竹笋。
于是我就想用竹笋也打造出西洋风味，
就做出了这道腌竹笋。
配上生火腿和帕尔玛奶酪的话，
也适合用来当葡萄酒的下酒菜。
我丈夫也感叹说：“真好吃”。

春

竹笋土佐煮

用料 /4 人份

煮竹笋 700g

A

- 出汁 4 杯
- 酱油 5~6 大匙
- 糖 5 大匙
- 味啉 2 大匙

鲣鱼片 20g

花椒芽 适量

做法

① 竹笋切成 1.5cm 宽的圆片。

② A 倒入锅中调匀，开火，煮开后放入竹笋，再次煮开后调成小火，盖上比锅小一圈的锅盖，炖煮 20~30 分钟。

③ 待②的汤汁煮至只剩少许时关火，直接放置，使其入味。

④ 鲣鱼片置于油纸上，不包保鲜膜，放入微波炉（200W 或弱键）加热 5~6 分钟，使之变得酥脆。

⑤ 在③上涂满鲣鱼片。装盘，配上花椒芽。

为了煮出均匀的汤汁，可盖上小锅盖，如没有可用油纸覆于其上，用小火煮至汤汁只剩少许。

土佐煮是用竹笋做的菜中最基本的一道。
它有着略为浓厚的咸甜酱油味，
适合配上大量花椒芽食用。
每年 5 月的长假之前是竹笋的季节。
之后，笋根部位会变得略硬，
但用来做土佐煮会很好吃，
所以上市期间我会做很多次，用以充当家中的常备菜色。
做好时撒上的鲣鱼片会吸收掉多余的汤汁，
用作便当中的小菜也极为方便。

春

土当归

一般来说，可以买到栽培时不受日照、颜色较白的土当归。
茎部外侧的表皮有两层，外层涩味较重，要去掉厚厚一层再进行烹饪。

醋味噌拌土当归与竹荚鱼

用料 /4 人份

土当归 ½ 根
竹荚鱼（刺身用）2 条的分量
裙带菜（盐渍）20g
醋味噌
- 味噌 3 大匙
- 糖 2 大匙
- 味啉 ½ 大匙
- 醋 1 大匙
- 日式黄芥末 少许

姜汁 1~2 小匙
花椒芽 适量

做法

① 土当归去掉一层厚皮，切成 2~3cm 长的短片状，用冷水浸泡后充分控干水分。竹荚鱼切成 3 片后再切丝。裙带菜泡发后挤干水分，切成便于食用的大小。
② 按顺序将醋味噌的材料倒入碟中，搅拌均匀，再加上姜汁。
③ 在②中放入①，凉拌后装盘。喜欢的话可撒些切碎的花椒芽。

可能是因为到了春天，我就想吃略带酸味的东西，
所以醋味噌凉拌菜常有出场机会。它也被称为馒[1]。
这道菜将口感上佳的土当归、竹荚鱼刺身、裙带菜搭配在一起。
用金枪鱼或冬葱等搭配也会很好吃。

1 馒：日文中指凉拌鱼肉。

黄油炒土当归与猪扒

用料 /4 人份

● 猪扒
猪肩里脊肉 4 片
盐、胡椒 各少许
橄榄油 少许
● 黄油炒土当归
土当归 ½ 根
黄油 2 大匙
盐、胡椒 各少许
柠檬 适量

做法

① 土当归去掉一层厚皮，切成 5cm 长的薄片，用冷水浸泡后充分控干水分。
② 猪肉切断筋，在煎烤前先撒上少许盐和胡椒。用平底锅热色拉油，放入猪肉，待恰好煎至金黄色时翻面，煎至内部熟透为止。
③ 平底锅清理干净，关火，放入黄油，使之溶解。放入①的土当归，快速煸炒，用盐和胡椒调味。
④ 将①和②一起装盘，喜欢的话可挤上柠檬汁再食用。

翻炒时保留住土当归的口感和略苦的滋味，会相当好吃。
我家很喜欢黄油炒土当归
和用剩下的土当归皮做出的炒土当归丝。
尤其是吃猪扒和牛排时，
配菜少不了口感爽脆的黄油炒土当归。

Summer

夏

蔬菜在田野中暴晒于阳光之下，已完全成熟。
毛豆和玉米只经水煮就极为美味，这正是它们熟透了的证明。

毛豆

选购毛豆时要选豆荚颜色较深、外形饱满、豆粒大小均匀的。
买回家后立即焯煮是品尝到其甜味的要诀。

毛豆炒猪肉

用料 /4 人份

毛豆（已煮）2 杯
酸菜 100g
猪绞肉 300g
A
大葱粗末 ½ 根的分量
蒜末、姜末 各 1 大匙
色拉油 2 大匙
绍兴酒 1 大匙
酱油 3 大匙
切成小圈的红辣椒 2 根的分量
芝麻油 1~2 大匙

主要材料是绞肉、毛豆、酸菜。粗粗切碎的酸菜会起到调味料的作用。

做法

① 毛豆煮后从豆荚内剥出，剥出 2 杯的分量。酸菜如盐分较重，则快速冲洗一下，挤干水分后切成粗末。
② 用深底的平底锅热色拉油，放入绞肉，炒至金黄色后放入 A 的香料蔬菜，浇上绍兴酒。
③ 在②中加入毛豆和酸菜，再倒入酱油，拌炒中途再放入红辣椒。
④ 最后浇一圈芝麻油用以增添风味，装盘。

说起夏天喝啤酒时的下酒菜，自然会想起盐水毛豆。
但只吃这道菜也会吃腻，
所以我家还有很多种用剩下的毛豆即兴创作的菜肴。
其中之一便是这道“毛豆炒猪肉”。
毛豆像要从豆荚中绽开般的口感和肉类、鱼类都是上佳搭档，
而它鲜亮的绿色更可为菜肴增彩。
这是一道下酒配饭两相宜的菜。

盐水毛豆

用料与做法 / 便于制作的分量

取适量带梗的毛豆，稍微切掉一点豆荚的前端。多涂一些盐，揉搓水冲后再去除豆荚上的毛。按喜欢的口味用加盐的沸水焯煮一段时间，捞出至漏网，趁热撒上盐。

绍兴酒腌毛豆

用料与做法 / 便于制作的分量

取 200g 毛豆，将豆荚两端都稍微切去一部分，方便入味。在锅中倒入各 ½ 杯绍兴酒和水、3~4 大匙酱油、1 大匙薄口酱油、2 小匙糖，调匀煮开，放入毛豆后煮至熟透。直接泡在汤汁中冷却，放入冰箱冷藏。放置半天以上，可使毛豆更为入味。

毛豆炸鱼肉饼

炸至酥脆的鱼肉饼里装的是银鳕鱼和虾的肉糜，
其中还混有大量毛豆、洋葱和青紫苏。
用莴苣和香草包裹炸鱼肉饼，再配上喜欢的酱汁食用。

用料 / 约 24 个的分量

银鳕鱼块 2 块（净重 150g）
虾 150g（净重）
毛豆（已煮）1 杯
洋葱 ½ 个
青紫苏 10 片
A（日本酒 1 大匙 糖 1 小匙 盐少许 低筋面粉 1 大匙）
油炸用油 适量
寿司醋（购买成品）½ 杯
鱼露 2 小匙
姜丝、切成小圈的红辣椒、芝麻油 各适量
莴苣、香菜、罗勒、薄荷、青柠 各适量

做法

① 银鳕鱼去皮去骨，虾去壳去尾，如有虾线也去掉。分别用菜刀切碎后再拍碎。
② 毛豆煮后从豆荚中剥出，取 1 杯的分量。洋葱切成 1cm 的块状，青紫苏切成粗末。
③ 将①倒入碟中搅拌，按顺序倒入 A 的调味料，搅拌均匀。
④ 在③中放入毛豆、洋葱，搅拌均匀，最后放上青紫苏，搅拌使之混合。
⑤ 将④均分后，放在木铲上，滑进热好的油中，炸至金黄色。
⑥ 混合寿司醋和鱼露，分装在小碟中，喜欢的话可加生姜、红辣椒、芝麻油。
⑦ 将刚炸好的鱼肉饼、莴苣、香菜、罗勒、薄荷一起装入盘中，挤上⑥的酱汁或青柠汁食用。

毛豆拌饭与
生姜烧鲐鱼

煮好的毛豆粗粗切碎后拌在饭中，令米饭呈现出美丽的翡翠色。
让人想装在盘中，若再与生姜烧鲐鱼拼盘，则是一道可爱的夏日午餐。

用料 /4 人份

●毛豆拌饭

米 2 杯 日本酒 1 大匙 鸡精 1 大匙 毛豆（已煮）1 杯 盐 少许

●生姜烧鲐鱼

鲐鱼（3 片）1 条的分量 A（酱油 2 大匙 味啉 1 大匙 姜泥 1 小匙）酸橘 适量

做法

① 米淘好后捞至漏网中。

② 取用料中标明分量的酒再加水，掺成 2 杯的分量。

③ ①的米、②和鸡精倒入电饭锅中，开始煮。

④ 毛豆从豆荚中剥出，直接带着薄皮粗粗切碎。

⑤ 毛豆倒入刚出锅的米饭中，直接搅拌，加入少许盐调味。

⑥ 将每块鲐鱼分为 6 等份，用 A 腌 5 分钟左右。

⑦ 用热好的烤网或烤架烤制鲐鱼的双面。

⑧ ⑤的毛豆饭装盘，再盖上⑦的生姜烧鲐鱼，挤上酸橘汁。

夏

玉米

玉米可购买带皮的，等到要加热之前再剥皮。
想要保留生度并剥粒时，又或者想直接食用时，用微波炉加热是一条捷径。

烤玉米

用料 / 便于制作的分量

玉米 3 根
酱油 3~4 大匙

做法

① 玉米切成 3 等份，以便使用，用保鲜膜包起后放入微波炉加热 3 分钟左右。
② 加热烤网，用酱油涂抹玉米后将玉米放上烤网。中途用剩下的酱油再涂抹一次玉米，然后继续烤制，烤到玉米呈焦黄色为止。

拿起盛放在大盘中的烤玉米、大口享用的情景和小孩子们的暑期时光交叠在一起，构成了回忆中的一格场景。
然而成年人也同样会被酱油的焦香气息所吸引。
这道菜品极受欢迎，在烧烤时也必然有人点单。

玉米浓汤

用料 /4 人份

玉米 2 根
奶油玉米粒（大）1 罐
黄油 2 大匙
低筋面粉 2 大匙
汤（用 1 大匙清汤颗粒、2 杯热水泡出的汤）
牛奶 1 杯
鲜奶油 1 杯
盐、胡椒 各少许

做法

① 玉米用保鲜膜包起，放入微波炉加热大约 3~4 分钟，取出剥粒。
② 黄油倒入锅中溶解，筛入低筋面粉。开始炒，但注意不要炒焦。慢慢将汤倒入锅中，使之溶解至无颗粒感。
③ 在②中倒入牛奶，再煮开一次后放入①的玉米和奶油玉米粒。
④ 整体搅拌均匀后，加入鲜奶油，用盐和胡椒调味。

在罐装的奶油玉米粒上适时地加上大量新鲜玉米，
这种搭配融合了柔滑与鲜嫩的口感。
这道双重玉米的浓汤有着香甜的味道，所以也极受孩子们喜欢。

玉米番茄莎莎酱

莎莎酱酸味十足，可以打造出充满夏日气息的刺激口味。
用冰连同容器一起冷却，会让蔬菜的口感更为出色，
令制作简单的墨西哥玉米饼勾起人的食欲。

用料 / 便于制作的分量

玉米 1 根
番茄 2 只（约 200g）
紫洋葱 ¼ 个
黄瓜 1 根
意大利香芹 2~3 根
罗勒 2~3 根
A（红酒醋 3 大匙
橄榄油 1 大匙
青柠汁 2 大匙
盐、粗胡椒粉 各适量）
维也纳香肠、墨西哥玉米饼、
莴苣丝、胡椒酱 各适量

做法

① 玉米用保鲜膜包上，放入微波炉加热 3~5 分钟，熟后剥粒。
② 番茄去蒂，对半横切后轻轻去籽，切成粗末。紫洋葱也切成粗末，黄瓜对半纵切后去籽，再切成粗末。
③ 意大利香芹去除粗茎后切碎。罗勒摘叶后同样切碎。
④ 将①和②都放入大碗，按顺序加入 A，稍加搅拌后再加③。
⑤ 香肠煮后控干水分。
⑥ 在墨西哥玉米饼上盖上⑤的香肠，再盖上莴苣丝。加上④的莎莎酱，喜欢可再加胡椒酱。

玉米面包

玉米面包表皮酥脆，内部烤得全熟。
面包胚甘甜适度，所以也适合充当正餐。
这里我搭配上生蔬菜和奶酪、半熟鸡蛋，用作早午饭。

用料 / 便于制作的分量

玉米 1 根
原味酸奶 ⅓ 杯
牛奶 ⅓ 杯
A（低筋面粉 250g
发酵粉、小苏打 各 ½ 小匙
盐 ¼ 小匙
糖 1 大匙）
混合蔬菜沙拉、喜欢的酱汁、半熟鸡蛋 各适量

做法

① 玉米用保鲜膜包上，放入微波炉加热大约 2 分钟后剥粒。
② 在烤盘上铺上厨房纸巾。烤箱预热至 170℃。
③ 轻轻搅拌将酸奶和牛奶进行混合。
④ 将 A 混合，筛入大碗中，再放入①，整体搅拌。
⑤ 使粉的中央凹下，倒入③，一边直接搅拌一边使之凝聚成一块。
⑥ 做成喜欢的形状后放到烤盘上，用 170℃的烤箱烤制 25~30 分钟。
⑦ 烤好后切成便于食用的几份。与混合蔬菜、切片奶酪、半熟鸡蛋盛装拼盘后食用。

* 喜欢的话，用奶酪搭配蜂蜜食用也很美味。

Autumn

如果当年秋刀鱼和栗子都大获丰收的话，就太令人高兴了。秋天的餐桌将摆满海洋与山川的惠赠。

秋刀鱼

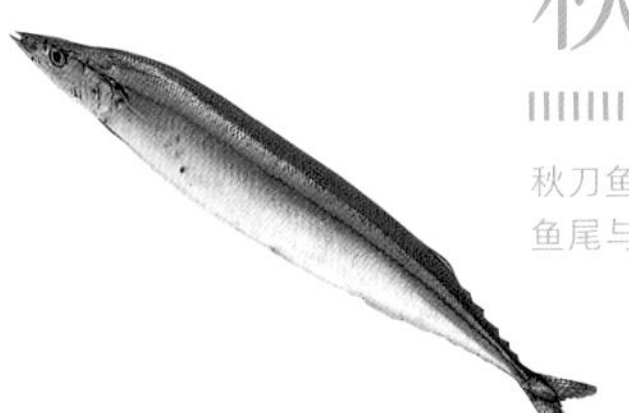

秋刀鱼身形修长，滋味鲜美。
鱼尾与鱼身连接的根部如果呈现黄色，则是富含油脂的证明。可用于盐烤、炖菜、焖饭等。

秋刀鱼香味煮

用料 /4 人份

秋刀鱼 4 条
日本酒 ½ 杯
味啉 3 大匙
蒜末、姜末 各 1 大匙
大葱末 1 根的分量
酱油 3 大匙
苦椒酱 1 大匙
糖 2 大匙

做法

① 秋刀鱼去头，将每条平均切成 6 等份，去除内脏后清洗干净，把水擦干。
② 将酒与味啉倒入锅内混合，开火，煮开使酒精成分挥发。
③ 放入秋刀鱼，再次煮开，加入大蒜、生姜、大葱、酱油、苦椒酱和糖。一边不时淋上汤汁，一边煮至汤汁只剩一半为止。关火，直接放置片刻，使之入味。

我丈夫即使每天都来一顿盐烤秋刀鱼也不会腻。
不过，我也想掌握其他做法，
所以就开始做秋刀鱼香味煮了。
香料蔬菜的风味和咸甜的调味相搭配，
保证令人食欲大增。
煮好的秋刀鱼的脊骨可以轻松去除，
在孩子间也大受欢迎。
这是我家常年必备的秋季风味。

秋

西式秋刀鱼焖饭

用料 /4 人份

米 2 杯
秋刀鱼 3 条
莲藕（小）2 节
橄榄油 适量
盐、胡椒 各适量
清汤颗粒 2 小匙
香叶 1 片
番茄酱 适量
柠檬 适量

做法

① 米淘好后捞出至漏网。

② 秋刀鱼切成 3 片，其中 1 条按长度切成 3 等份。平底锅中倒入橄榄油加热，放入秋刀鱼，一边撒盐和胡椒一边煎烤两面。

③ 莲藕 1 节去皮，切成 5mm 宽的扇形后用冷水浸泡，然后充分控干水分。

④ 清汤颗粒加少许热水溶解，再加水泡成 2 杯的分量。

⑤ 将①的米放入厚锅中，盖上③的莲藕和②的秋刀鱼，撒上胡椒，沿锅边慢慢倒入④的汤汁，加入香叶。盖上锅盖，开大火，煮开后转小火再煮 10 分钟左右。关火后蒸 10 分钟左右。煮好后直接搅拌，使秋刀鱼散开。

⑥ 另外 2 条秋刀鱼按长度切成 2 等份。另 1 节莲藕去皮，切成 8mm 宽的圆片，用冷水浸泡后充分控干水分。

⑦ 平底锅中倒入橄榄油加热，按顺序加入⑥的莲藕和秋刀鱼，一边撒盐和胡椒一边煎烤。

⑧ ⑤的秋刀鱼焖饭装盘，盖上⑦的秋刀鱼和莲藕。喜欢的话可再加番茄酱，挤上柠檬汁。

这道焖饭将喷香的煎秋刀鱼和莲藕一起放入米饭中煮。
使用出汁和酱油调味的话，也可以做成和风滋味，
但此处还是介绍一种备受年轻人欢迎的西式蒸饭吧。
接受不了鱼腥味的人应该也能轻松地品尝这种味道。
焖饭煮好后，再煎烤秋刀鱼和大块的莲藕，
作为配菜装盘。
这是一道一碟就可令人大饱口福的焖饭。

秋

栗子

选购栗子时最好观察外壳，选择有光泽而紧实、拿起来有分量的。
如果外壳坚实，较难剥除，可泡在热水中，稍微放置片刻。

微波炉栗子糯米饭

用料 /3~4 小碗的分量

糯米 1 杯
栗子（大）6 个（净重 120g）
日本酒 1 大匙
芝麻盐 适量

做法

① 糯米洗净，用冷水浸泡 15 分钟左右，捞出至漏网，充分控干水分。
② 栗子剥除外壳与内皮，较大的对半切开，用冷水浸泡后充分控干水分。
③ 取用料中标明分量的日本酒再加水，掺成 ⅔ 杯的分量。
④ 将①的糯米和②的栗子放入较大的耐热碗中，再倒入③。轻轻蒙上保鲜膜，放入微波炉中加热 6 分钟左右。
⑤ 剥掉保鲜膜，迅速搅拌。再次盖上保鲜膜后，再加热 3 分钟左右。
⑥ 对整体稍加搅拌后装盘，撒上芝麻盐。

我非常喜欢糯米饭，所以即使不是特殊的日子
也常做红豆糯米饭。
人数较多时用蒸笼较为轻松，
但 2 个人的分量用微波炉也能做出绝佳滋味。
和不限季节的红豆糯米饭相比，栗子糯米饭则是限期供应的。
装入小巧的多层漆饭盒中，
就是应季的美餐。
只要有几个栗子就可以做出来，
不必顾虑太多，用微波炉做做看吧。

秋

牛奶煮栗子

用料 /4 人份

栗子 450g（净重 250g）
牛奶 约 1 杯
糖 4 大匙
香草冰激凌 适量
肉桂 适量

做法

① 栗子剥除外壳与内皮。用冷水浸泡后充分控干水分。
② 将①的栗子和大量水倒入锅中，煮至栗子变软。
③ 将牛奶和糖倒入锅中，使牛奶正好没过煮好的栗子，盖上比锅小一圈的锅盖，煮至汤汁几乎收干。
④ 冰激凌装盘，用捣碎器将③捣碎，撒在冰激凌上，喜欢的话可再加肉桂。

这是一道用牛奶和糖将剥好的栗子煮至微甜的牛奶煮栗子。
要诀是用牛奶炖煮前先煮一遍栗子，
这样栗子内部也能彻底入味。
趁热直接食用固然不错，
不过稍微花点心思会更为美观。
用捣碎器将冷却的牛奶煮栗子捣碎，
再撒在冰激凌上，就像白色的栗子蛋糕一样。
和起泡奶油搭配的话，可组成栗子奶油。
有时我也会用这种栗子奶油做成圣代。

Winter

冬

日式年糕和芋头的吃法应该可以更为多姿多彩。
我正以新年为契机，重新审视日本的食材。

日式年糕

日式年糕可烤，可炸，可煮至软烂，其口感可谓丰富多彩。
保存时可切成便于使用的大小再行冷冻，量多时也可日晒保存。

年糕海胆茶碗蒸

用料 /4 人份

年糕切片 2 片

蛋液

- 鸡蛋 2 个
- 出汁 1½ 杯
- 味啉 1½ 杯
- 盐 ½ 小匙

芡汁

- 出汁 ½ 杯
- 薄口酱油 1 小匙
- 味啉 1 大匙
- 盐 少许
- 太白粉、水 各 1 小匙

生海胆、绿芥末泥、
香橙皮 各适量

做法

① 年糕每片切成 2 等份。

② 做蛋液。加热出汁，用味啉和盐进行调味，消除余热。将鸡蛋打散至大碗中，一边慢慢倒入调味后的出汁一边静静搅拌，过筛。

③ 将①的年糕均分后装入碗中，倒入②的蛋液，每份都蒙上保鲜膜。

④ 将③放入冒出蒸汽的蒸笼中，用小火蒸 15~20 分钟。

⑤ 在④蒸好前制作芡汁。出汁倒入锅中加热，加薄口酱油、味啉、盐调味，煮开后加入用等量的水溶开的太白粉，勾芡。

⑥ 在蒸好后的茶碗蒸上放上海胆，再浇上⑤的热芡汁，盖上绿芥末泥和削好的香橙皮。

碗里放入切成小块的生年糕，再倒入蛋液。蒸好后热气腾腾，年糕内部都已熟软。

我家做茶碗蒸时会理所当然地放入年糕。
它没有强烈的气味，口感也非常顺滑，
和鸡蛋的柔和风味也不会发生冲突。
在百合根当季之时，我也会放入百合根，
不过这道菜中奢侈地加上了海胆，所以配料简单，只用年糕。
做好时浇上口味清淡的芡汁会更易保温，
也可充当一道冬季的待客佳品。
年糕保存时可切成便于使用的几种大小，
密封后放入冰箱冷冻即可。

炸年糕鸡汤

煮年糕汤适合用来充当冬季早餐的汤菜。
在鸡汤中加入炸年糕也是煮年糕汤的一种变种。
与烤年糕相比，它别具一番醇厚风味，令人暖胃暖身。

用料 /4 人份

年糕切片 2 片
鸡翅翅中（对半竖切）10 个
水 6 杯
日本酒 1 大匙
生姜（拍碎）1 片的分量
大葱的葱绿部位 10cm
油炸用油 适量
盐 1 小匙
薄口酱油 1 小匙
鸡精、胡椒 各适量
切成小圈的青葱 适量

做法

① 年糕每片切成 12 等份的块状，捞出至漏网中放置片刻，沥干表面。
② 将用料中标明分量的水倒入锅中煮沸，倒酒，放入鸡翅翅中、生姜、大葱后煮开。煮出浮沫后撇去，用小火煮大约 15 分钟。
③ 从②的汤中剔除生姜和大葱，再倒入盐和薄口酱油，加鸡精和胡椒调味。
④ 用热好的油将①的年糕炸至酥脆。
⑤ 将刚炸好的年糕装盘，倒入③的热汤，再撒上大量青葱食用。

年糕煮小松菜

这道菜卖相一般，但要诀就在于要将年糕煮至黏软。
家父非常喜欢它，常让家母做给他吃。
我有些累的时候也会想吃这道菜，就会动手下厨。

用料 /4 人份

年糕切片 6~8 片
小松菜（大）1 捆（650g）
出汁 4 杯
酱油 3 大匙
味啉 3 大匙
五香辣椒粉 适量

做法

① 小松菜切至 5~6cm 长，焯煮后用冷水浸泡，挤干水分。
② 用热好的烤网烤年糕。
③ 将出汁、酱油、味啉倒入锅中调匀煮开，放入烤年糕，加盖后煮 10 分钟左右。
④ 放入小松菜，再煮 5 分钟左右后关火。
⑤ 装盘，喜欢的话可再撒五香辣椒粉。

放入小松菜时，年糕已煮得很是松软，但还要继续煮 5 分钟左右，煮到黏糊糊为止。

冬

芋头

芋头有一种独特的黏软口感，做出的炖菜和可乐饼与土豆等食材相比别具一番风味。
选购时要买整体紧实的，尽量挑选带有泥土、含有少许水分的。

芋头红豆汤

用料 /4 人份

芋头 1 个（130g）
水 1 杯
牛奶 1 杯
鲜奶油 ¼ 杯
炼乳 4 大匙
煮红豆（购买成品）适量

做法

① 芋头去皮，用冷水浸泡后擦干。
② 将水和牛奶倒入锅中调匀，开火。煮开后一边将①的芋头磨成泥一边倒入锅中，稍煮片刻。
③ 待汤汁稍微黏稠后倒入鲜奶油和炼乳。
④ 将③的热汤汁装盘，放入煮红豆。

黏软的口感就是芋头的独特风味。
将芋头磨成泥煮成奶油浓汤，
就是一道黏糊柔滑的西式芋头汤。
这道菜是西式芋头汤的甜食版。
将牛奶、鲜奶油、炼乳
与磨成泥的芋头相组合，搭配成这道甜点。
喜欢的话也可以加上红豆，享受它的日式风味。

冬

芋头可乐饼

用料 /25~30 个的分量

芋头（大）5 个（净重 300g）
日式面酱汁（购买成品，3 倍浓缩型）1 大匙
微波炉白汁
- 低筋面粉 2 大匙
- 玉米淀粉 1 大匙
- 牛奶 1 杯
- 黄油 1 大匙
- 鲜奶油 2 大匙
- 清汤颗粒 ½ 小匙
- 盐、胡椒 各少许

虾仁 150g
洋葱 ¼ 个
黄油 1 大匙
盐、胡椒 各少许
低筋面粉、搅匀的蛋液、面包粉 各适量
油炸用油 适量
圆白菜丝、酸橘、喜欢的酱汁 各适量

做法

① 芋头剥皮，每个切成 4 等份，用冷水浸泡后控干水分。放入铺好厨房纸巾的大碗，蒙上保鲜膜，放入微波炉中加热 6~7 分钟。撤去纸巾，趁芋头尚热捣至顺滑，再加日式面酱汁调味。

② 做微波炉白汁。将低筋面粉和玉米淀粉筛入较小的耐热碗中加以混合，倒入回至室温的牛奶，然后搅拌均匀。蒙上保鲜膜，放入微波炉加热大约 2 分 30 秒，趁热用较小的打蛋器搅拌均匀。放入黄油后再次搅拌，加入奶油，用清汤颗粒、盐、胡椒调味。

③ 趁热将②和①搅拌均匀。

④ 虾仁洗净，如有虾线则去掉，切成 2~3 等份。洋葱切成 5~6mm 的块状。

⑤ 用平底锅加热黄油，炒洋葱，放入虾仁后快速煸炒，注意不要炒太熟，再加盐和胡椒调味。

⑥ 将⑤加入③中搅拌均匀，放入冰箱中冷藏，使之容易成形。

⑦ 将⑥等分成形，确保虾仁平均分布在各份之中，按照低筋面粉、搅匀的蛋液、面包粉的顺序先后裹上面衣。

⑧ 热好油炸用油，将⑦炸至酥脆，配上圆白菜丝、酸橘和喜欢的酱汁。

这道可乐饼调和了芋头柔滑黏稠的独特口感
和虾仁的筋道口感。
这种口味完全不同于土豆可乐饼，
初次品尝的人都会不约而同地大吃一惊。
对芋头做准备处理，我一开始会先焯煮一遍，
再煮出淡淡的味道，但用微波炉加热至松软
再浇上面酱汁也可打造出美妙滋味，
所以我将其进化成了一道更为简便的美食。

第
4
章

常伴身边的蔬菜

吃过我家饭菜的人都会因种类丰富的蔬菜而展颜一笑。我并没有使用特殊的蔬菜，基本都是附近超市中售卖的食材。像莴苣这种蔬菜生吃已很是美味，烹饪时也无须费太大功夫，会为我们下厨提供极大便利。而青椒、番茄、黄瓜、南瓜、花椰菜、豆芽、大葱、白菜、菠菜、圆白菜、香菇也可让人享受到出人意料的搭配。这些蔬菜一年四季都有售，随手可得，来重新研究一下它们，将餐桌装点出缤纷美味吧。

青椒

青椒大多是绿色的，但大型的厚肉彩椒也已为大众所熟悉。
青椒不新鲜的话会泛苦，椒籽也会变黑，趁还新鲜时食用干净吧。

香草辣椒炒鸡腿

这道菜的调味料外国人也很喜欢，去国外旅行时也会常做。
青椒用腌渍汁炒过后，味道很香，我们会将它盖在白米饭上吃。
这里使用了青、红两种彩椒，色彩很漂亮。

用料 /4 人份

鸡腿肉 2 片

A

- 洋葱末 ½ 只的分量
- 大蒜末 1 大匙
- 罗勒 2~3 根
- 迷迭香 1~2 根
- 红葡萄酒 ¼ 杯
- 酱油 ¼ 杯

青椒 4~5 只

红椒（小）3 只

橄榄油 2 大匙

做法

① A 倒入大碗内调匀，制成腌泡汁。

② 鸡肉切成便于食用的大小，倒入①中，使之入味，放置 10 分钟以上。

③ 青椒每只都对半竖切，去籽，再切成 6~8 等份。

④ 平底锅内倒入 1 大匙橄榄油加热，放入青椒快速煸炒后取出。

⑤ 平底锅内再倒入 1 大匙橄榄油，放入控去水分后的②的鸡肉，炒至金黄色。

⑥ 将④的青椒放回⑤中，将②的腌泡汁连同香草一起倒入锅中，迅速拌炒均匀。

＊可以将香草青椒炒鸡腿浇到饭上，再配上罗勒叶和柴渍。

以酱油和红葡萄酒为底，再加上香草制成腌泡汁。将鸡肉腌泡入味后放置片刻。这些剩余的腌泡汁之后也可用作调味料。

金平青椒小杂鱼

青椒炒后会缩水，更易食用。
加上少许糖调味，以适应小孩子的口味，应该也能打造出美妙滋味。
炒至酥脆或松软都好吃！

用料 / 便于制作的分量

青椒 6~8 个
小杂鱼 30g
色拉油 2 大匙
酱油 3 大匙
切成小圈的红辣椒 1 根的分量

做法

① 青椒对半竖切后去籽切丝。
② 橄榄油倒入平底锅内加热，放入青椒开始炒，再加入小杂鱼。
③ 倒入酱油后迅速拌炒均匀，再放入红辣椒，使之入味。

西式腌彩椒

西式腌彩椒甘甜多汁，
应该能打动很多不喜欢腌菜酸味的人。
我家常用来和奶酪、法式长棍面包搭配，充当葡萄酒的下酒菜。

用料 / 便于制作的分量

彩椒（红、黄）各 2 只

A（醋 1 杯 白葡萄酒 ½ 杯 水 ⅓ 杯 糖 30g 盐 1 小匙）

大蒜薄片 1 瓣的分量

香叶 1 片

胡椒粒 ½ 小匙

黑橄榄 适量

做法

① 将 A 的材料倒入锅内调匀，开火，糖溶解后关火，待其冷却。

② 彩椒每只都对半竖切，去籽，按长度切成 2 等份，再切成 1.5cm 宽。

③ 将②的彩椒、大蒜、香叶、胡椒粒放入保存容器中，再将①倒入，在冰箱中冷藏 1 天左右。喜欢的话，食用前可再加上用水冲洗干净并擦干的黑橄榄。

青椒塞肉

小女读初中时最喜欢吃装有青椒塞肉的便当。
可能是因为每只大小为对半竖切的半个青椒，正好便于入口。
这里除肉之外还会再加牛蒡，使得蔬菜更为丰富。做便当时可配上便捷的番茄酱、做家常菜时可配上几种材料混合调制出的地道汉堡酱。

用料 /10 个的分量

青椒 5 只
洋葱 ¼ 个
牛蒡 ¼ 根
混合绞肉 200g
A
- 鸡蛋 1 个
- 低筋面粉 1 大匙
- 盐、胡椒 各少许

色拉油 适量
酱汁
- 红葡萄酒 2 大匙
- 汤（用少许清汤颗粒、2 大匙热水泡出的汤）
- 番茄酱 5 大匙
- 猪排酱 2 大匙
- 日式黄芥末 少许

做法

① 青椒对半竖切，去籽。洋葱切成粗末。牛蒡削成薄片，用冷水浸泡后充分控干水分。

② 将绞肉倒入大碗中，加入 A 后充分搅拌均匀。搅至黏稠后按顺序倒入洋葱和牛蒡，继续搅拌。

③ 用滤茶网等工具在①的青椒内侧稍微撒上一层低筋面粉（不包括在用料中），将②塞入青椒。

④ 平底锅内倒入少许色拉油并加热，先将③的肉面朝下放入平底锅中，煎至金黄色后翻面，保证内部也被烤熟。

⑤ 调制酱汁。将除日式黄芥末之外的酱汁材料倒入锅中，煮开。关火，放入日式黄芥末，搅拌均匀。

⑥ 将刚煎好的④装盘，浇上⑤的酱汁。

将青椒内侧撒上低筋面粉，塞绞肉时需要考虑到煎烤后的缩水程度，塞到稍微胀起为止。这样煎好后的青椒塞肉就会很美观。

凉了后也很好吃
所以也是便当的人气菜品

莴苣

莴苣叶需要选购水嫩紧实的，球状莴苣则选择拿起来有分量的。
除了可充分享受其爽脆口感的生吃方式外，稍微加热后再食用的方法也正在普及之中。

莴苣包鸡肉虾仁

这是一道中式菜品，用莴苣包裹炒出蚝油风味的配料后食用。
自己取食很有乐趣，所以我家办冷餐会时也常选用这道菜。
生吃莴苣时，应该有很多人用冰水或冷水泡出水灵挺括感，
但其后的沥水值得重视，必须避免让残留的水分降低莴苣的风味。

用料 /4 人份

莴苣 ½ 个
鸡腿肉（小）1 片（150g）
虾仁 120g
盐、绍兴酒、姜汁 各少许
干香菇 2 个
煮竹笋（小）1 个
旱芹 ½ 根
松子 30g
A
- 清汤颗粒 1 小匙
- 水 ¾ 杯
- 蚝油 2 小匙
- 酱油 ½ 大匙
- 糖 1 小匙

色拉油 ½ 大匙
太白粉、水 各 1 大匙
芝麻油 少许

做法

① 莴苣对半切开，去芯。用冰水浸泡，使之水灵挺括，然后充分控干水分。
② 鸡肉切成 1cm 的块状，虾仁切成 8mm 的块状，分别涂抹盐、绍兴酒和姜汁进行调味。
③ 干香菇用水泡发后轻轻挤干水分，切成粗末。竹笋和去筋的旱芹也切成粗末。
④ 干炒松子。
⑤ 将 A 倒入小锅内调匀。用等量的水将太白粉溶开。
⑥ 色拉油倒入平底锅内加热，按顺序开始炒鸡肉和虾仁，再倒入香菇、竹笋、旱芹和松子翻炒均匀。
⑦ 倒入 A 的调味液，煮开后用水溶太白粉勾芡，浇上芝麻油。
⑧ 一片片取出①的莴苣，将⑦覆盖在上面。

鸡肉、虾仁、香菇、竹笋、旱芹切成易于入味的统一大小。莴苣用冷水浸泡，使之水灵挺括。

莴苣素面

这是一道用素面拌鲜嫩的莴苣，再搭配配料和佐料来食用的健康菜肴。
使用细长的莴苣看起来会与素面更为统一，所以我会尽量沿着长纤维切成丝状。
酱汁使用简便的微波炉面酱汁。配料则选用水煮鸡小胸肉、蛋丝，
佐料选用茗荷、生姜、碎烤海苔、芝麻，整体搭配协调，口味清淡。

用料 /4 人份

莴苣 ½ 个
鸡小胸肉 2 片
盐 少许
日本酒 少许
蛋丝（大约 3 片的分量）
- 鸡蛋 2 个
- 糖 1 小匙
- 盐 少许
- 色拉油 少许

微波炉日式面酱汁（详见右文）适量
素面 4 把
茗荷丝 2 个的分量
姜泥、碎烤海苔、炒芝麻各适量

做法

① 莴苣去掉叶片，沿着纤维切成丝状。用冷水浸泡，使之水灵挺括，充分控干水分。放入塑料袋等包装中，用冰箱充分冷藏。

② 鸡小胸肉去筋，撒上盐和酒，浸泡在刚刚没过的热水中，直接等待冷却。冷却后取出，撕成细丝。

③ 做蛋丝。将鸡蛋打入大碗中，加入糖和盐，充分搅拌均匀，过筛。平底锅内倒入色拉油加热，倒入薄薄一层蛋液，煎烤双面，注意不要烤焦。冷却后按宽度分成 2~3 等份，再切丝。

④ 微波炉面酱汁充分冷却备用。

⑤ 素面按照包装袋的指示煮好。

⑥ 素面装盘，盖上大量莴苣，按照个人口味添加鸡小胸肉、蛋丝、茗荷、生姜、碎烤海苔和芝麻等，蘸取面酱汁食用。

●微波炉日式面酱汁

用料与做法 / 便于制作的分量

将 1½ 杯味啉、1½ 杯酱油、1 杯水、20g 鲣鱼片都倒入耐热碗内，轻轻搅拌。不加保鲜膜，直接放入微波炉中加热大约 3 分 30 秒，待余热消散后过筛。保存时放入冰箱冷藏。

葱酱炸鸡

很多人将这道“葱酱炸鸡”选为我的最佳食谱。
炸至酥脆的鸡肉和爽脆的莴苣搭配食用，美味翻倍。
葱酱是一种有点酸辣的酱汁，饱含大葱爆香后的鲜美风味。
莴苣会因炸鸡和葱酱的余热变得微熟，我很喜欢这种口感。

用料 /4 人份

鸡腿肉 2 片
莴苣 ½ 个
A
- 酱油 ½ 大匙
- 绍兴酒 ½ 大匙

太白粉 适量
油炸用油 适量
葱酱
- 大葱 1 根
- 色拉油 ½ 大匙
- 切成小圈的红辣椒 1 根的分量
- 酱油 ½ 杯
- 日本酒 1 大匙
- 醋 2 大匙
- 糖 1½ 大匙

做法

① 做葱酱。大葱切成细末。平底锅内倒入色拉油加热，迅速煸炒大葱、红辣椒，加入酱油、绍兴酒、醋和糖，炒热后即关火。
② 莴苣切成 2cm 宽的片状。
③ 鸡肉切成 2~3cm 的块状，用 A 充分腌泡入味。涂上大量太白粉，用热好的油炸至酥脆，保证内部也被炸熟。
④ 将莴苣和③的炸鸡一起装盘，淋上葱酱。

花椰菜

花椰菜切成薄片生吃也很好吃，有种微甜的口感。
分成小穗时先用刀切口，再用手撕，就可以剥得很漂亮。

牛奶煮花椰菜

煮软后会有独特的甜味，而且不会煮散。
我家中会将其用作牛排等主食的配菜，放在餐桌上各自取食。
热气腾腾时较为美味，所以放凉了的话请放入微波炉重新加热。

用料 /4 人份

花椰菜（大）1 颗

牛奶 3 杯

盐 ½~1 小匙

胡椒 少许

黄油面糊（用低筋面粉和黄油各 2~3 大匙搅拌而成）

帕尔玛奶酪泥 适量

使用直径 16cm 左右的深锅，可以容纳一整颗花椰菜。整颗煮的话，分量较足，食用时也不会浪费。

做法

① 花椰菜去除外部的叶子，将茎部朝上，整颗放入深锅中，倒入牛奶后开火。稍撒一些盐和胡椒，煮开后转小火，盖上比锅小一圈的锅盖煮上片刻。

② 中途将花椰菜上下颠倒再继续煮，煮至花椰菜松软、汤汁只剩一半时取出装盘。

③ 将黄油面糊倒入②的汤汁中勾芡，大量浇到花椰菜上。喜欢的话再撒上帕尔玛奶酪，趁热用大勺分食。

意式花椰菜沙拉

也有一部分人觉得用水煮过的花椰菜做沙拉会有种生菜的味道。
此时我想推荐生吃花椰菜的沙拉。
我第一次在海外尝到时也为其美味所惊叹。

用料 /4 人份

花椰菜（小）1 颗
混合蔬菜 适量
水煮蛋 2 只
热蘸酱（大蒜 2 瓣 鳀鱼 6 片 橄榄油 2 大匙 鲜奶油 1 杯 玉米淀粉、水 各 1 小匙 盐、胡椒 各少许）
帕尔玛奶酪泥、粗胡椒粒 各少许

做法

① 调制热蘸酱。大蒜切成细末。鳀鱼拍碎。
② 锅内倒入橄榄油加热，放入大蒜，充分拌炒，但注意不要炒焦，加入鳀鱼后继续一起炒。
③ 将鲜奶油倒入②中，一边搅拌一边加热，略微煮开后加入用等量水溶开的玉米淀粉，勾芡，用盐和胡椒调味。
④ 花椰菜分成小颗后尽量竖切成 2~3mm 厚的薄片。
⑤ 花椰菜和混合蔬菜稍加搅拌后装盘，加上切开的水煮蛋。淋上热蘸酱，撒上帕尔玛奶酪泥和粗胡椒粒食用。

豆芽

选豆芽就要选新鲜的。注意选择整体泛白、茎短挺括的。
如果无法于购买当日食用，可去掉容易受伤的根部，放入冰箱冷藏。

芝麻醋拌豆芽与豆腐块

芝麻的醇厚香郁与醋的清爽渗入豆芽，
堪称是日式拌菜的独有风味。
豆芽的预先准备工作左右着这道菜最终的口味。

用料 /4 人份

豆芽 1 袋

油炸豆腐块 1 片（150g）

A（芝麻糊 2 大匙 糖 1 大匙 酱油 2 小匙 醋 1 大匙）

盐 适量

芝麻粉 2~3 大匙

做法

① 豆芽去根，用热好的平底锅干炒。摊开在漏网中冷却，充分挤干水分。

② 用热好的烤网烤油炸豆腐块，对半横切后再切至 7~8mm 宽。

③ 将 A 倒入大碗内调匀，凉拌①和②，加盐调味。撒上芝麻粉，略加搅拌后装盘。

* 凉拌后放置一段时间会容易出水，试味发现味道变淡的话，可重新调味。

豆芽肉松拌饭

同样是凉拌菜，但这一道是韩式凉拌豆芽。
它和肉松一起浇到米饭上，喜欢的话可以加芝麻粉、香菜、苦椒酱、酸橘。这些都是我的心头好，所以我会全部放到饭上。

用料 /4 人份

●肉松

牛绞肉 200g

A（酱油 2 大匙 糖 2 大匙 味啉 1 大匙）

●韩式凉拌豆芽

豆芽 2 袋

B（鸡精 1 小匙 蒜泥、盐、胡椒 各少许）

芝麻油 ½ 大匙

杂粮饭 适量

芝麻粉、香菜、苦椒酱、酸橘 各适量

做法

① 做肉松。将 A 的调味料倒入锅内调匀，开火，煮开后加入绞肉，一边用筷子搅拌一边煮上片刻。关火，直接放置，使绞肉吸收剩下的汤汁。

② 做韩式凉拌豆芽。豆芽择去豆头，用一大锅开水煮至偏硬。用冷水浸泡，捞出至漏网中，充分挤干水分，倒入大碗中。按顺序添加 B，充分搅拌，再淋上芝麻油调味。

③ 将杂粮饭装盘，再盖上肉松、韩式凉拌豆芽。撒上芝麻粉，加上香菜，配上苦椒酱，喜欢的话可再挤上酸橘汁。

芦笋

芦笋需选择笋尖硬挺、茎部结实、切口水嫩的。
所谓的笋鞘，是指关节处的三角形部位，用菜刀切除，就可以做出漂亮的成品。

豆腐芝麻拌芦笋

这道凉拌菜利用豆腐和芝麻的风味，使蔬菜味道更为醇厚。
常见的做法是拌菠菜或四季豆之类的蔬菜，
但选用芦笋的话，用来配饭配面包都会是绝佳的菜肴。

用料 /4 人份

绿芦笋（细）250g
嫩豆腐 1 块（300g）
芝麻糊 2 小匙
糖 1~1½ 大匙
薄口酱油、味噌 各 1 小匙
盐 少许

做法

① 豆腐用厨房纸巾包住，压上重物后放置 1~2 小时，充分控干水分。控干水分后的重量大约应为原有重量的七成。

② 芦笋去除根部较硬的部位和笋鞘，斜切成 2cm 长，焯煮。迅速过一遍冷水，捞出至漏网中控干水分。

③ 将①的豆腐倒入大碗中，用打蛋机搅碎。倒入芝麻糊、糖、薄口酱油、味噌后充分搅拌均匀。

④ ②的芦笋再次擦干水分，倒入③的底料中凉拌。试味后加盐，装盘。

芦笋肉卷

用猪肉从尾部一直卷到芦笋的笋尖，之后只要炸到酥脆就好。
这种做法也可以用到小番茄上，串到串上会比较可爱。
用葡萄酒待客时，这道菜品也会令客人大感满足。

用料 /4 人份

绿芦笋 8 根
小番茄 8 只
涮锅用猪肉 适量
盐、胡椒 各适量
柠檬 适量

做法

① 芦笋去除根部的较硬部位和笋鞘。小番茄去蒂。
② 芦笋保持原来的瘦长形状，用猪肉包裹起来，每只大约使用 2 片猪肉。小番茄的四周用猪肉包裹起来。
③ 在②上撒上盐和胡椒，用预热好的烤箱烤至略显金黄色。
④ 将芦笋和串好的小番茄装盘，配上柠檬。喜欢的话可再撒一次胡椒后食用。

猪肉烤后会收缩起来，紧紧包裹在蔬菜上，所以烤前卷得稍微松一些、有些空隙也不用在意。

意式芦笋烩饭

我非常喜欢米饭，所以也常按照我家的口味来做意餐中的意式烩饭。
芦笋烩饭就是我中意的做法之一。
糙米的饱满口感配上脆脆的芦笋，食材备足的话还可再加入毛豆，会令人品尝到丰富多彩的口感。
加入牛奶会使这道烩饭整体更为柔滑，再配以奶酪的醇厚风味，可以打造出更有层次感的滋味。

用料 /4 人份

绿芦笋 4~5 根
毛豆 ½ 杯（净重）
糙米 1 杯
水 3~3½ 杯
清汤颗粒 1 小匙
牛奶 1 杯
盐、胡椒 各适量
帕尔玛奶酪 适量

做法

① 糙米洗后用冷水浸泡 30 分钟左右，捞至漏网中充分控干水分。
② 芦笋去除根部的较硬部位和笋鞘，切成 8mm 宽的小圈。毛豆水煮后从豆荚中剥出。
③ 将水和清汤颗粒、①的糙米倒入锅内，开火。煮开后转小火，盖上锅盖。煮 30 分钟左右，时而搅拌一下。
④ 糙米煮软后倒入牛奶，摘掉锅盖，再煮 10 分钟。
⑤ 加入芦笋和毛豆，芦笋煮熟后加盐和胡椒调味。
⑥ 装盘，撒上大量帕尔玛奶酪泥。

我想保留芦笋和毛豆的口感和赏心悦目的绿色，所以会最后放入锅中煮，并注意不要煮太长时间。

番茄

番茄要选择整体颜色统一、果皮紧实、萼片新嫩的。
切番茄时使用锋利的菜刀，剥皮前先用热水烫就可以保证菜品的美观了。

西式腌小番茄

将腌泡出适度口味的小番茄装在小碟中，再放在冰盆里，配上罗勒和酸橘，用竹串取食。
常备西式腌菜的话，就会灵光一闪，想到这种美味的吃法。
西式腌菜不必一直使用白葡萄和香辛料的标准做法，也可以选用日式的甜醋。
这种做法和我们熟悉的西式腌菜共用一种菜名，东西合璧，是我的心爱菜色。

用料 /4 人份

小番茄 2 包（400g）

A
- 醋 1 杯
- 白葡萄酒 ½ 杯
- 水 ⅓ 杯
- 糖 40g
- 盐 1 小匙

胡椒粒 1 小匙
香叶 2 片
薄荷、罗勒、酸橘 各适量

做法

① 将 A 倒入小锅内调匀，开火加热，待糖溶化后关火冷却。
② 小番茄洗后去蒂。擦去水分，用牙签戳出几处小洞。
③ 将②放入保存容器或带拉链的塑料袋中，倒入①，再加上胡椒粒和香叶，密封后放入冰箱，冷藏 1~2 天。
④ 装盘，盖上薄荷和罗勒，配上酸橘。

小番茄整体都浸泡在腌泡液中，可使之全部入味。带拉链的塑料袋可抽去空气密封保存，是我下厨时的重要帮手。

鲜嫩的酸甜滋味
在口中绽放

番茄冷意面

即使使用普通番茄，也可做出美味的酱汁。
如果想吃凉意面，那么选择细面更为适合。
番茄酱没有用完的话，也可加热后淋到烤肉或烤鱼上。

用料 /4 人份

番茄酱（方便制作的分量）
番茄（中）4~5 只（约 700g）
洋葱 ½ 只
大蒜、姜末 各 ½ 大匙
生辣椒 2 只（没有可用 1 根切成小圈的红辣椒代替）
百里香、意大利香芹、罗勒、莳萝等 各 2~3 根
橄榄油 2 大匙
番茄泥 1~2 大匙
盐、胡椒 各少许
意面（此处使用天使细面）200g
帕尔玛奶酪泥、粗胡椒粒 各适量

做法

① 做番茄酱。番茄用热水烫后剥皮，切成末。
② 洋葱切成细末。生辣椒去籽，切碎。香草去除硬茎，切碎。
③ 较深的平底锅内倒入橄榄油加热，炒大蒜和生姜，炒出香味后放入洋葱，充分拌炒至洋葱变软。
④ 将①的番茄倒入③中，煮 20~30 分钟，时而搅拌一下。
⑤ 加入生辣椒和香草，用番茄泥、盐和胡椒调味。转移到大碗中，待余热消散后放入冰箱冷藏。
⑥ 水煮意面。煮的时间参考包装袋上的提示，捞出至漏网，用冷水充分清洗后控干水分。
⑦ ⑥装盘，浇上适量⑤的番茄酱，喜欢的话可撒上帕尔玛奶酪和粗胡椒粒。

意式番茄烤面包片

意式烤面包片与味道浓郁的高糖度番茄是天作之合。
剩下的长棍面包也可做成香甜的肉桂吐司，
我喜欢两种滋味一并取食。

用料 /8 个的分量

高糖度番茄 2 只（200g）
橄榄油 1 大匙
葡萄酒醋 ½ 大匙
盐、胡椒 各少许
法式长棍面包 适量
A
蒜泥 少许
黄油（室温）1 大匙
罗勒 适量

做法

① 长棍面包斜切成 1.5cm 厚，A 充分搅拌均匀后涂到面包的其中一面。
② 用预热好的烤箱或烤网将面包烤至略呈金黄色。
③ 高糖度番茄去蒂，切成 1~1.5cm 的块状。
④ ③的番茄放入大碗中，淋上橄榄油，加入葡萄酒醋、盐和胡椒调味。
⑤ 将适量的④摆放在②的长棍面包上，再加上撕碎的罗勒。
＊喜欢的话可配上肉桂吐司、柳橙腌橄榄一起食用。

●肉桂吐司 / 长棍面包斜切成 1.5cm 厚，表面涂上适量的黄油，再按顺序撒上适量的细糖和肉桂粉。用热好的烤箱烤至略显金黄色。

●柳橙腌橄榄 / 用适量的盐腌橄榄（黑、绿）加上适量的柳橙片、橄榄油、香草（此处选用柠檬香蜂草）再凉拌。香草使用薄荷系的较为合适，请按照自己的口味选择。

黄瓜

黄瓜表皮的刺显眼，说明黄瓜较为新鲜，但最近市面上也出现了无刺的品种。
最好尽早吃完，如需放入冰箱冷藏，可将瓜蒂朝上，竖放在蔬菜室中保存。

拍黄瓜与炒肉丝

黄瓜储备充足时，我一定会做中式黄瓜菜肴。
黄瓜拍后更易入味，滋味更美妙。
配上烤肉一起食用便是一道精致的配菜，嚼劲十足。

用料 / 便于制作的分量

高糖度番茄

●拍黄瓜

黄瓜 6 根

酱油、醋 各 ½ 杯

糖 4 大匙

芝麻油 少许

生姜 30g

切成小圈的红辣椒 2 根的分量

●炒肉丝

烤肉用牛肉薄片 150g

色拉油 少许

烤肉酱汁（购买成品）2 大匙

香菜 适量

做法

① 黄瓜的两端稍微切掉一点，用研磨棒或擀面杖拍出裂痕。

② 混合酱油、醋、糖和芝麻油，充分搅拌均匀。

③ 生姜切丝。

④ 将①的黄瓜装入塑料袋等包装中，倒入②的酱汁，加上生姜和红辣椒，放入冰箱冷藏 2~3 小时以上。

⑤ 牛肉切成细丝。平底锅内倒入色拉油加热，用大火炒牛肉。加上烤肉的酱汁调味，迅速涂满牛肉，炒至汤汁变少。

⑥ 黄瓜装盘，盖上⑤的炒肉，再配上香草。

中式鱿鱼炒黄瓜

黄瓜快速炒熟后与生吃不同，有一种柔嫩的口感。
去皮后口感较好，所以我会削出条纹，使得味道丰富多变。
鱿鱼也较易炒熟，所以开始炒后很快就能出锅。

用料 /4 人份

黄瓜 2 根
鱿鱼（刺身用）1 条
姜丝 1 片的分量
色拉油 2 大匙
绍兴酒 1 大匙
鸡精 ½ 小匙
盐、胡椒 各少许
芝麻油 适量
花椒（磨碎）适量

做法

① 黄瓜皮削成条纹状，对半竖切。去籽，斜切成 2cm 宽。

② 鱿鱼的鱼身剥皮，斜切出网格状，切成 2cm 宽后再切成一口吞食的大小。

③ 鱿鱼鳍也切成同等大小，脚部则切掉前端部位，切分成每份 2 条。

④ 平底锅内倒入色拉油加热，炒生姜。炒出香味后放入鱿鱼，用大火炒，倒入绍兴酒，稍微撒一些盐和胡椒。

⑤ 加上黄瓜，快速拌炒，撒上鸡精，再加盐和胡椒调味。用芝麻油增加风味，装盘，撒上花椒。

南瓜

普通的黑皮日本南瓜的特点是甘甜适度，口感松软。
一整颗南瓜可以保存很久。切开的则需去籽去瓤后放入冰箱冷藏保存。

南瓜泥盖浇肉

微波炉可将南瓜快速转软，用来做南瓜泥也极为便捷。
根据其后添加的食材，可做成配菜，也可做成点心。
配上绞肉食用是我家快手素菜的做法之一。

用料 /4 人份

南瓜 ¼ 只（净重 600g）
细切猪肉 200g
A（出汁 1 杯 酱油 2½ 大匙 味啉 3 大匙 糖 1 大匙 盐 少许）
太白粉、水 各 1 大匙
姜泥 适量

做法

① 南瓜去籽去瓤，切成一口食用的大小，削皮。
② 猪肉切成粗末后稍微拍松。
③ 耐热碗内铺上厨房纸巾，放入南瓜，蒙上保鲜膜，用微波炉加热 6~7 分钟。南瓜变软后撤去厨房纸巾，捣烂成保留块状的状态。
④ 将 A 倒入锅内调匀，煮开，放入猪肉后拆散，如煮出浮沫则撇去。猪肉煮熟后，加入用等量的水溶开的太白粉勾芡。
⑤ ③的南瓜泥装盘，倒上④的热绞肉，配上姜泥食用。

葱油炸南瓜

不喜欢甜南瓜的人也会被这种味道所吸引。
新炸好的南瓜吸收了葱油与盐的滋味。
如果炸南瓜还有余量，也可用日式面酱汁快煮后食用。

用料 /4 人份

南瓜 300g
葱末 2 大匙
油炸用油 适量
芝麻油 3 大匙
盐或酱油 适量

做法

① 南瓜去籽去瓤，切成 2cm 宽的块状。耐热盘里铺上厨房纸巾，将南瓜平铺其中，包上保鲜膜，放入微波炉加热大约 3 分钟。

② 加热油炸用油，迅速炸好①的南瓜，去油。

③ 用大葱拌芝麻油，浇到刚出锅的南瓜上，撒盐。此外，喜欢的话也可淋上酱油。

大葱

日本关东地区说的葱，主要是指食用葱白部分的大葱，而关西地区则喜欢以九条葱为代表的青葱。
菜色不同，大葱的切法也各有巧妙不同，诸如切末、切小圈、斜切、切丝等。

葱油饼

葱油饼要用到的材料较少，所以易于制作，刚出锅的味道也极为美妙，所以我多年以来一直会做这道菜。
作为一道不甜的点心，它也很受我家孩子的欢迎。
面团类似饺子皮，只需简单揉捏成一团，再放置 30 分钟即可。
饼中稍溢出一点配料更招人喜欢，这道菜可以让大家开开心心一起做。

用料 /4 片的分量

高筋面粉 1 杯
低筋面粉 1 杯
水 ¾ 杯
大葱 2 根
火腿 2 片
手粉（高筋面粉）适量
芝麻油 适量
胡椒 少许
色拉油 2 大匙
辣油醋酱油 适量

做法

① 将高筋面粉和低筋面粉都筛入大碗里。一边观察情况一边倒水，充分揉成耳垂般的软度，揉成一团，放置 30 分钟左右。
② 大葱和火腿切末。
③ 将①的面团分成 4 等份，一边撒上手粉，一边将面团压成 15cm × 25cm 左右的大小。在表面涂上薄薄一层芝麻油，撒上 ¼ 的②和胡椒。卷成棒状，再从一边开始卷成螺旋状，另一边的边缘塞进卷中。轻轻按压整个面卷，延展至直径 12~13cm 左右的大小。
④ 平底锅里倒入 ½ 大匙的色拉油，加热，放入③，煎至两面金黄，再加 ½ 杯水（不在用料列表内）烘烤。水分烤干后倒入少许芝麻油，煎至酥脆。剩下部分也按此手法处理。
⑤ 将刚出炉的葱油饼切成便于食用的大小，配上辣油醋酱油食用。

大家一起取食
刚出锅的香喷喷葱油饼最开心了

焗烤大葱

这道焗菜没有白汁也可以做。
只需给大葱浇上加有鳀鱼的鲜奶油酱汁，再烤硬即可。
趁热品尝，满口都是大葱的喷香美味。

用料 /4 人份

大葱 3 根

鳀鱼 3 片

A（鲜奶油 1 杯 盐、胡椒各少许）

比萨用奶酪 100g

做法

① 烤箱预热至 230℃。

② 大葱切成 5~6cm 长而略粗的丝。鳀鱼切成极细的碎末。

③ 将 A 和鳀鱼倒入小锅内调匀，加热到差点煮开为止。

④ 将一半大葱放入耐热容器，撒上一半奶酪，再摆上剩余大葱。将剩余的奶酪摆在表面上，来回浇上③，放入 230℃的烤箱烤 25 分钟左右。

大葱炒香菇

大葱炒香菇做法简单，是我婚后常做的菜。
喝日本酒需要配一些下酒菜时，选它也极为省事。
调味料只用酒和酱油，味道一贯稳定。

用料 /4 人份

大葱 2 根
生香菇 8 个
色拉油 2 大匙
日本酒 2 大匙
酱油 1~1½ 大匙
五香辣椒粉或花椒粉 适量

做法

① 大葱斜切成 2~3cm 宽，香菇去掉菌柄，斜切成 3 等分的薄片。
② 色拉油倒入平底锅内加热，放入大葱和香菇开始炒。浇上酒，炒到入味，倒入酱油后快速拌炒。
③ 装盘，喜欢的话可再加五香辣椒粉和花椒粉。

白菜

选购时需要挑紧实有重量、连叶尖都卷得紧紧的白菜。
切开的白菜则需要观察切面，如切面凸起，说明已切开一段时间。

速腌白菜

我家吃饭时少不了腌菜。我常备几种喜欢的成品腌菜，
如柴渍、腌萝卜、腌野泽菜等。
我还经常自制速腌白菜，这道菜需要用到黄香橙，所以只有寒冷的季节才能吃到，
但是只要有热腾腾的米饭和腌白菜，每天的早饭都会让人想一扫而光。

用料 / 便于制作的分量

白菜 400g
香橙 1 个
盐 1 小匙
海带茶 1 小匙
切成小圈的红辣椒 1 根的分量

做法

① 白菜切成 4~5cm 的块状，香橙切成薄薄的圆片。
② 将白菜倒入大碗中，加入盐、海带茶和红辣椒，用手充分搅拌均匀，使之入味。
③ 将②转移到容器中，洒遍香橙后搅拌均匀。为容器盖上内盖，压上重物后放置一夜。食用时轻轻挤去水分。
＊使用市面有售的腌菜容器制作会极为方便。

辣白菜

我对中国的糖醋白菜进行了独特的简化。
要诀是花椒的清爽辣味和出锅后淋上的热芝麻油。
这道菜做好后放入冰箱冷藏，可保存几天。
将其他菜端上餐桌前先摆上一小盘辣白菜，似乎会让人更有胃口。

用料 / 便于制作的分量

白菜 800g
胡萝卜 5~6cm
生姜 1 片
红辣椒 1~2 根
盐 少许
A
- 醋 2 杯
- 糖 80g
- 盐 2 大匙

花椒 1 大匙
芝麻油 2 大匙

做法

① 白菜切成 6~7cm 长、8mm 宽的丝。胡萝卜切成细丝。
② 生姜切丝，红辣椒去籽后切成小圈。
③ 白菜和胡萝卜各撒少许盐，再搅拌均匀，腌软后轻轻挤去水分。
④ 将 A 倒入大碗内混合，调制成甜醋。
⑤ 将②和③倒入容器内混合，倒入④的甜醋后稍加搅拌。盖上稍加压碎的花椒，浇上加热到冒热气的芝麻油。
⑥ 将⑤蒙上保鲜膜，放入冰箱冷藏，使之充分冷却。试味后如果味道不够，则按照自己的喜好再加醋和糖。

白菜丝沙拉

想要发挥出白菜茎的爽脆感的话，建议做成沙拉。
我喜欢将较厚的部位切成薄片，
再将薄片竖切成丝，这样口感绝佳，看起来也赏心悦目。

用料 /4 人份

白菜茎 400~500g
油炸豆腐 1 片
鸭儿芹 ½ 捆
A（姜泥 1 大匙 寿司醋、酱油各 4 大匙 芝麻油 1 大匙）
黑芝麻末 适量

这是一道具备生姜和芝麻油风味的清淡沙拉酱。它也可以用于水菜和油炸豆腐沙拉、萝卜丝沙拉等。

做法

① 白菜茎切成 7~8cm 长，较厚的部位对半切开后再切丝。
② 油炸豆腐用烤网煎至两面金黄后切丝。鸭儿芹切成 5~6cm 长。
③ 将 A 倒入大碗内混合，调制成沙拉酱。
④ 将①和②轻轻搅拌后装盘，撒上黑芝麻末，再配上③的沙拉酱。

* 想要将白菜的茎与叶分开，可逐片剥去叶片，再沿着轮廓将菜叶的白茎部分沿 V 字形切开即可。

白菜猪肉盖浇饭

看到用作火锅配菜的白菜没吃完，我大感可惜，于是想出了这道菜。
白菜切成粗末后，看起来就和前一天截然不同了吧。
我家喜欢将它和猪肉一起拌炒勾芡，浇到饭上来吃。

用料 /4 人份

白菜茎 300g
猪绞肉 200g
姜末 1 大匙
大葱末 ½ 根的分量
色拉油 1 大匙
A（水 2 杯　中式高汤精 2 小匙
酱油 6 大匙　绍兴酒、味啉 各 2 大匙
糖 2 小匙　胡椒 少许）
太白粉、水 各 2 大匙
米饭 适量
五香辣椒粉 适量

做法

① 将白菜的叶和茎分开，分别切成粗末。
② 将 A 的材料倒入小锅内，调匀加热。太白粉用等量的水溶解。
③ 色拉油倒入深底的平底锅中加热，放入生姜和大葱开始炒，注意不要炒焦。炒出香味后放入绞肉，一边搅散一边炒至猪肉变成金黄色。
④ 绞肉几乎炒熟时放入白菜茎，快速煸炒，微熟后倒入菜叶，充分拌炒。
⑤ 将 A 的调味料浇到④上，稍煮片刻，再加水溶太白粉勾芡。
⑥ 将刚出锅的⑤摆到热米饭上，喜欢的话可撒上五香胡椒粉再食用。

菠菜

选购菠菜时需选择叶尖伸展、根部鲜红的。
菠菜涩味较强，需预先焯水。将茎与叶分开，先焯较难煮熟的茎部。

芝麻拌菠菜

做成芝麻拌菠菜的话，1捆的分量会轻轻松松一扫而光。
掌握了调味的基础知识后，只需按照口味稍加调整即可。
如果放置一段时间后出水，可轻轻挤干水分，重新调味。

用料 /4 人份

菠菜 1 捆（250g）
炒芝麻 50g
糖 1 大匙
酱油 ½~ 将近 1 大匙
味啉 1 大匙
盐 适量
芝麻粉 适量

做法

① 芝麻用小火干炒出香味，放入蒜臼用力捣至黏糊状。倒入糖、酱油和味啉后搅拌均匀。
② 将菠菜的叶和茎分开。在沸腾的热水中加入少许盐，开始焯菠菜，先放菜茎。用冷水浸泡，挤干水分后切成 3~4cm 长。
③ 再挤一遍菠菜的水分，一边抖散一边放入①中，充分搅拌均匀。试味后如果味道不够，则加盐调味。
④ 装盘，喜欢的话再撒上芝麻粉。

焗烤菠菜和马苏里拉奶酪吐司

这道菜将蛋黄酱拌菠菜盖在面包上，再盖上奶酪后烤制而成。材料普通，成品却极为可爱。
请趁刚烤好的奶酪将融未融之际，尝上一两口吧。

用料 /8 个的分量

菠菜 ½ 捆
火腿 1 片
马苏里拉奶酪 ½ 个
蘑菇片（小片）½ 罐
方包（6 片装）适量
蛋黄酱 2 大匙
盐、胡椒 各少许

将蛋黄酱拌菠菜盖满做成吐司的面包，再调整边缘部位。

做法

① 烤箱预热至 250℃。
② 菠菜焯至较硬的状态后用冷水浸泡，挤干水分，再切成 1cm 长。
③ 火腿切成极细的碎末。蘑菇控干水分后对半切开。马苏里拉奶酪控干水分后切成薄片。
④ 面包用直径 5cm 左右的模具压成型，稍加烤制备用，注意不要烤成金黄色。
⑤ 菠菜再挤干一次水分，放入大碗中。倒入火腿和蘑菇，加蛋黄酱后搅拌，再用盐和胡椒调味。
⑥ 将⑤分成 8 等份后盖在④的面包上，再盖上马苏里拉奶酪。放入 250℃的烤箱烤 5 分钟左右，直到奶酪将要融化为止。

圆白菜

春季圆白菜之后又有高原圆白菜、冬季圆白菜和其他品种，一年四季都可以看到这种菜上市。
保存时用菜刀挖出底部的菜心，塞入湿润的厨房纸巾，再装到塑料袋里，放进蔬菜室中。

凉拌圆白菜

我特别喜欢生吃圆白菜丝和凉拌圆白菜。
听说吃完会觉得胃部清爽，是因为圆白菜中的确含有具有这种功能的营养成分，
这让我很想说一声“谢谢你，圆白菜”。
这道菜以圆白菜为主，再配上煎蛋卷和法兰克福肠，就可搭配出丰盛的早餐。

用料 / 便于制作的分量

菠菜 600g
胡萝卜 50g
洋葱 ½ 个
盐 ½ 小匙
A
- 清汤颗粒 少许
- 醋 2 大匙
- 蛋黄酱 2 大匙
- 糖 少许
- 盐、胡椒 各少许

煎蛋卷和法兰克福肠
- 鸡蛋 2 只
- 盐、胡椒 各少许
- 法兰克福肠 1 根
- 色拉油、黄芥末粒 各适量

糙米烤饭团 适量

做法

① 圆白菜切成可一口食用的块状。胡萝卜先斜切成 1cm 宽，再切成薄片。洋葱切成薄片，用冷水浸泡后充分控干水分。

② 将圆白菜和胡萝卜倒入大碗内混合，撒盐后搅拌，放置 10 分钟。

③ 用厨房纸巾等工具擦干②的蔬菜的水分。

④ 按顺序倒入洋葱、A 的清汤颗粒和醋，搅拌均匀，加入蛋黄酱，用糖、盐和胡椒调味。

⑤ 做煎蛋卷。将鸡蛋打散在大碗中，稍微撒一点盐和胡椒。平底锅内倒入 1 大匙色拉油再加热，倒入蛋液，用力搅拌。鸡蛋半熟后统一成蛋卷的形状。

⑥ 法兰克福肠对半竖切，但不要彻底切开。平底锅内倒入少许色拉油并加热，再放入法兰克福肠，煎烤双面。

⑦ 将④的凉拌圆白菜、⑤的煎蛋卷、⑥的法兰克福肠一起装盘，喜欢的话可配上黄芥末，再搭配烤饭团食用。

在圆白菜和胡萝卜上撒盐，腌软后去除多余水分再调味。按照自己的口味选择加多少醋来控制酸度即可。

圆白菜蒜油意面

大蒜和辣椒风味的意面配上鳀鱼，大为增彩，
而圆白菜的甜美与奶油的醇厚风味也得到了提升。
这道意面令人等不及出锅便垂涎欲滴。

用料 /4 人份

圆白菜叶 3~4 片（200g）
鳀鱼 3~4 片
大蒜薄片 1 瓣的分量
切成小圈的红辣椒 1 根的分量
橄榄油 2 大匙　意大利面条 200g
鲜奶油 2 大匙　盐、胡椒 各少许
喜欢的面包 适量

最后加上的鲜奶油是美味的关键所在。它会软化大蒜、红辣椒和鳀鱼的浓烈风味，并为之增添层次感。

做法

① 圆白菜切成大块。
② 倒上一大锅水，煮开，参照包装袋上的指示开始煮意大利面条。
③ 橄榄油倒入平底锅内加热，放入大蒜，炒出香味后再放入鳀鱼。加上圆白菜后拌炒，倒入红辣椒。
④ 将意大利面条充分控干水分，倒入③中。快速拌炒后放入鲜奶油，搅拌均匀，用盐和胡椒调味。按喜欢的口味配上面包。

醋圆白菜与煎沙丁鱼

醋圆白菜是简单版德国酸菜。
我会用甜烹花椒籽做出辣味，用来搭配煎沙丁鱼也很合适。
当然了，它和维也纳香肠也是绝配，可以夹在热狗里。

用料 / 便于制作的分量

●醋圆白菜

圆白菜（内侧较硬的部位）500g　清汤颗粒 1 小匙　水 ½ 杯　橄榄油 3 大匙　葡萄酒醋 ⅓ 杯　甜烹花椒籽 1~2 大匙　盐、胡椒 各少许

●煎沙丁鱼

沙丁鱼（大、切成 3 片）2 条的分量　橄榄油 1 大匙　盐、胡椒 各少许　粗胡椒粉、柠檬 各适量　喜欢的面包 适量

做法

① 圆白菜切丝。

② 将清汤颗粒和水倒入锅中，加热备用。

③ 橄榄油倒入深底的平底锅中加热，放入圆白菜，稍微炒一下。

④ 将葡萄酒醋和②的汤汁倒入③中，关火后放入甜烹花椒籽，用盐和胡椒调味。余热消除后放入冰箱冷藏，放置片刻，使之入味。

⑤ 做煎沙丁鱼。色拉油倒入平底锅中加热，沙丁鱼先将鱼皮朝下放入锅里，稍微撒一些盐和胡椒。煎至金黄色后翻面，将两面都煎好。

⑥ 将④的醋圆白菜和⑤的煎沙丁鱼一起装盘。喜欢的话可撒上粗胡椒粉，挤上柠檬汁，再配上面包食用。

香菇

香菇一般情况下不用水洗，只需擦去脏污即可。
根部的硬实菌柄需要切掉，但香菇柄味道鲜美，可撕碎用来做炒菜或汤菜等。

香菇、大豆、正樱虾拌饭

用出汁和酱油煮一锅有着淡淡酱油颜色和风味的大豆饭，
再拌上一大份炒煮出咸甜滋味的香菇和正樱虾。
这种美味如此淳朴，令人百吃不厌。

用料 /4 人份

大豆（干燥）½ 杯
米 2 杯
香菇 2 包（10~12 个）
正樱虾（干燥）20g
A（薄口酱油、味啉 各 1 大匙 出汁 适量 盐 少许）
B（酱油 2 大匙 糖 1 大匙 味啉 2 大匙）

做法

① 大豆洗净后用一大盆水泡发一夜，充分控干水分。
② 米洗净后捞出至漏网中。香菇切成薄片。
③ 在 A 的薄口酱油和味啉里加上出汁，凑足 2 杯的分量，再撒入少许盐。
④ 在小锅里倒入香菇、正樱虾和 B，炒煮至汤汁收干。
⑤ 将米放入电饭锅中，再摆上①的大豆，倒入 A 后开始煮。煮好后加上④，快速搅拌均匀。

黑醋炒猪肉、香菇和白菜

想要炒出好菜，需要预先做好准备。
切完材料，备齐调味料和水溶太白粉，接下来就可一气呵成。
这样充分发挥出香菇的鲜美与黑醋风味的一道菜就出锅了。

用料 /4 人份

香菇（大）6 个
五花肉薄片 150g
白菜 400g
煮竹笋（小）1 个
色拉油 2~3 大匙
A（黑醋 ½ 杯　汤（用少许鸡精、¼ 杯热水泡出的汤）
绍兴酒 1 大匙　糖 1 大匙
酱油 2 大匙）
太白粉、水 各 ½~1 大匙
五香辣椒粉 适量

做法

① 香菇去掉菌柄，斜切成 2 等份的薄片。
② 猪肉按长度切成 3~4 等份。
③ 白菜将叶和茎分开，切成 5~6cm 的块状。竹笋切成薄片。
④ 将 A 倒入小锅内，调匀加热。太白粉用等量水溶解。
⑤ 将 1 大匙色拉油倒入平底锅内加热，放入猪肉开始炒。炒的过程中一边倒入剩下的色拉油，一边按顺序加入香菇、白菜茎、叶和竹笋并拌炒。倒入 A 的调味料后快速搅拌。再搅拌一次水溶太白粉，倒入锅中勾芡。
⑥ 装盘，喜欢的话可撒上五香辣椒粉。

第
5
章

担任主角的肉与鱼贝类

我总是一边看着素材，一边想象想吃的菜再决定菜色。猪肉中的梅花肉包含适度的油脂，味道鲜美，又便于烹饪，所以我家会常备一块。而各种牛肉中，我会储备我丈夫喜欢的牛排用牛肉和品质中上的细切牛肉。鸡腿肉是炸肉、煎肉和水煮鸡的重要而简便的食材，所以也是家中的必备肉类。鱼贝类中的虾和扇贝日式和西式都很适合，可冷冻保存。我选用的素材还是以随手可得的肉和鱼贝类为主。等定好做什么主菜，我会再根据主菜来补充蔬菜，这也是我的乐趣之一。

鸡肉

举例来说，炸鸡宜用鸡腿肉，炖菜适合选带骨肉和胶质较多的鸡翅，
汤菜、凉拌菜和茶碗蒸则建议用脂肪较少的鸡大胸肉和鸡小胸肉。

油炸鸡条

从孩子们还小时开始，炸鸡就是我家的人气菜品了。
他们还常常带朋友来吃，所以有时候切太大块就会不够分。
于是我想到要将鸡肉切成细条再炸。
用蔬菜卷起来吃的话，搭配均衡，同时容易取食、用于待客也大受欢迎。

用料 /4 人份

鸡腿肉 2 片

A

- 酱油 3 大匙
- 酒、味啉 各 ½ 大匙
- 姜汁 1 小匙
- 蒜泥 少许

莴苣 1 根

大葱 ½ 根

黄瓜 1 根

萝卜芽 1 包

太白粉、油炸用油 各适量

蛋黄酱、甜面酱、番茄酱 各适量

做法

① 鸡肉切成细长的条状。

② 将 A 倒入大碗内调匀，放入鸡肉，充分揉搓入味。

③ 莴苣叶逐片剥下洗净，用冷水泡出水灵挺括感，充分控干水分。大葱切成 5~6cm 长的丝，黄瓜按照长度切成 3 等份后对半切开，去籽后切丝。萝卜芽切掉根部。

④ 鸡肉充分控干水分，逐片裹上大量太白粉，再用热好的油炸至酥脆，保证内部也被炸熟。

⑤ 将③的蔬菜和④的炸鸡一起装盘，按照口味配上蛋黄酱、甜面酱、番茄酱，再卷起来食用。

铺平莴苣叶，摆上黄瓜、大葱、萝卜芽和炸鸡。按照口味配上几种酱汁，可享受到多变的味道。

照烧鸡肉、油梨豆腐酱

想要快速做出一道鸡肉类主菜的话，最好使用平底锅。
我喜欢照烧鸡肉。要诀在于鸡皮要煎到酥脆，
只需配上莴苣叶和混合蔬菜沙拉等新鲜蔬菜，就是一道豪华菜品了。
若是再添上油梨豆腐酱，这道菜会更显丰盛。

用料 /4 人份

●油梨豆腐酱
嫩豆腐 ½ 大块
油梨 1 只
柠檬汁 少许
白软干酪 3 大匙
A
- 清汤颗粒 1½ 小匙
- 蛋黄酱 2 大匙
- 盐、胡椒 各少许

●油梨豆腐酱
鸡腿肉（小）4 片
盐、胡椒、色拉油 各少许
B
- 酱油 2 大匙
- 味啉 2 大匙
- 糖 2 小匙

切成块的莴苣、米饭、白芝麻、柴渍 各适量
日式黄芥末 少许

做法

① 做油梨豆腐酱。豆腐用厨房纸巾包起，放在漏网上充分沥干水分。
② 油梨取出梨肉，放入大碗中，洒上柠檬汁后捣烂。豆腐撕碎，放入大碗内，加上白软干酪后搅拌，用 A 调味。
③ 用叉子等工具在鸡皮上戳洞，稍微撒上一些盐和胡椒。
④ 色拉油倒入平底锅中加热，鸡肉从鸡皮开始煎起，内部煎熟后取出。
⑤ 将 B 倒入④的平底锅中，稍微煮干后再次放进鸡肉，煮到入味。
⑥ 将莴苣叶铺在盘中，摆上⑤，再浇上剩余的汤汁。配上撒了芝麻的米饭和柴渍。切开鸡肉，蘸取油梨豆腐酱和日式黄芥末食用。

鸡肉先将鸡皮朝下的一面放入锅中，基本静置即可，等到煎至酥脆、颜色已变成金黄色后再翻面。

简便易做的鸡肉主菜
可以迅速变身为豪华大餐

水煮鸡和黄瓜配芝麻酱

水煮鸡是一道实用菜品。想做出清爽味道的话，建议用鸡大胸肉和鸡小胸肉，想打造分量感的话可以选鸡腿肉，如果鸡腿肉带有骨头，更是风味绝佳。这道水煮鸡和黄瓜配芝麻酱用带骨肉做的话，也会倍显丰盛。此外，煮出的汤汁也很美味，我家常用来做拉面汤或炒菜。

用料 /5~6 人份

带骨鸡腿肉 3 根
大葱的葱绿部位 适量
生姜（拍碎）1 片的分量
绍兴酒 ¼ 杯
水 10 杯
黄瓜 3 根
盐 少许
芝麻酱

- 芝麻糊 4 大匙
- 水煮鸡的汤汁 4 大匙
- 醋 2 大匙
- 糖 1½ 大匙
- 酱油 2 大匙
- 大葱末 3 大匙
- 大蒜末 2 大匙
- 姜末 2 大匙

做法

① 做水煮鸡。鸡肉洗净后擦去水分，沿着骨头划出切口。用较大的锅将水煮开，放入鸡肉、大葱、生姜和绍兴酒，再次煮开后撇去浮沫，调小火力后煮大约 15 分钟。关火，直接放置 10 分钟左右。

② 将水煮鸡的肉从骨头上剥开，斜切成薄片。汤汁留下备用。

③ 黄瓜撒盐后放在案板上揉搓，水洗后擦干。轻拍黄瓜，拍裂后按长度切成 3 等份，再竖切成便于食用的大小。

④ 做芝麻酱。将芝麻糊、鸡汤、醋、糖、酱油搅拌均匀，再放入大葱、大蒜和生姜。

⑤ 将②的水煮鸡和③的黄瓜装盘，浇上芝麻酱。

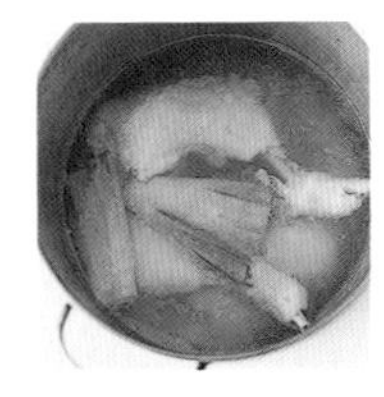

关火之后在汤中稍放片刻会更加鲜美多汁。多余的肉可以用来做沙拉、凉菜或三明治。

用水煮鸡的汤汁再做一道菜

肉味噌豆芽拉面

用料 /4 人份

肉味噌（梅花肉薄片 200g 大葱 1 根蒜泥 1 小匙 色拉油 少许
A 糖 1 小匙 酱油 1 大匙
味噌、水煮鸡的汤汁 各 4 大匙，
汤汁（水煮鸡的汤汁 约 8 杯
B 中式高汤精、酱油 各 1 大匙
味噌 6~7 大匙）
豆芽 1 袋 韭菜 1 捆 色拉油 2 大匙 盐、胡椒 各少许 中式荞面（生）4 团

做法

① 做肉味噌。猪肉切碎后再轻轻拍打。大葱切末。色拉油倒入平底锅内加热，放入猪肉开始炒，加入大蒜一起拌炒。用 A 调味，期间加入大葱，拌炒入味。

② 煮汤。水煮鸡的汤汁倒入锅内（如果汤汁不够则加水），煮开一次后用 B 调味。

③ 豆芽去掉根和芽。韭菜切成 5cm 长。色拉油倒入平底锅内加热，按顺序放入豆芽和韭菜开始炒，加盐和胡椒调味。

④ 荞面煮至略硬的状态，分装到碗中，倒入热气腾腾的汤汁。摆上③的蔬菜和 2 大匙肉味噌，一边搅拌一边食用。

炸肉串、姜汁烧肉、咕噜肉等菜品中常用猪里脊、猪腿和梅花肉之类的部位。
腰内肉是猪肉中最软的部位，也可用来做煎猪肉和炸肉串。五花肉的脂肪最多，可用来做东坡肉和炒菜等。

微波炉水煮猪肉浓汤

微波炉水煮猪肉是我家用微波炉做菜时的基本菜色，可以切成薄片后放入沙拉，
又或者用作拉面和炒饭的配料等，堪称美味之源。
这道微波炉水煮猪肉浓汤是它的进化版，还会再配上蔬菜。
进化版虽然需要多加热 2 分钟，但做出的两人份浓汤会有惊人的好滋味。

用料 /2 人份

梅花肉块 300g
土豆 1 个
胡萝卜 ½ 根
洋葱 ¼ 个
香叶 1 片
汤汁（用 1 大匙清汤颗粒、2 杯开水泡出的汤）
黄芥末、橄榄油、胡椒各适量
面包 适量

做法

① 猪肉提前从冰箱中取出备用。
② 土豆去皮，切成 2~3cm 的块状，用冷水浸泡后充分控干水分。胡萝卜和洋葱也切成和土豆一样的大小（蔬菜加起来大约 250g）。
③ 将①的猪肉、②的蔬菜和香叶加入耐热容器内，再倒入用清汤颗粒和开水泡出的汤。轻轻蒙上保鲜膜，用微波炉加热大约 10 分钟。猪肉翻面，直接稍微放置片刻，使内部也熟透。
④ 取出猪肉，分成 2 等份后装盘。
⑤ 容器中剩下的汤汁和蔬菜变凉的话，用微波炉再加热一次，浇到④上，撒上胡椒。喜欢的话可配上黄芥末和橄榄油，与面包一起食用。

300g 猪肉用微波炉转 1 次正合适。选用梅花肉的话，不止肉质柔软，更能打造出鲜美的风味。

猪腰内肉煮蟹味菇

这是我在进入烹饪一行前就常在家中做的一道菜。
有一次我问女儿喜欢我做的哪道菜，听到的回答就是这一道。
猪肉切成薄片的话，会更快煮好，切厚一点则会分量感十足，小女喜欢的是厚版。
家人总要求再来一份松软的土豆泥，所以我都会多做一点。

用料 /2 人份

猪腰内肉（块状）500g
蟹味菇（大）4 包
大蒜 1 瓣
橄榄油 3 大匙
白葡萄酒 1 杯
牛排调料 2 大匙
盐 适量
薄口酱油 2 小匙
土豆泥
- 土豆 4 个（净重 380g）
- 牛奶　杯
- 鲜奶油　杯
- 清汤颗粒、盐、胡椒 各少许

面包 适量

做法

① 猪肉切成薄片。蟹味菇去掉菌柄，切成小穗。大蒜切成薄片。
② 锅内倒入 2 大匙橄榄油，加热，放入大蒜，炒出香味后放入猪肉，一边撒盐一边炒。倒入剩下的橄榄油，拌炒蟹味菇，加入葡萄酒。
③ 煮开后撇去浮沫，撒上牛排调料，盖上盖子焖煮片刻。用薄口酱油和盐调味。
④ 做土豆泥。土豆去皮，切成可一口食用的大小，用冷水浸泡后控干水分。将土豆放入铺上厨房纸巾的耐热碗中，轻轻蒙上保鲜膜，放入微波炉里加热大约 8 分钟。
⑤ 撤去纸巾，趁土豆尚热时充分捣烂，按顺序加入牛奶和鲜奶油，搅拌均匀，用清汤颗粒和盐、胡椒调味。
⑥ 将③和⑤一起装盘，配上喜欢的面包。

* 牛排调料市面上有售，由胡椒、洋葱和生姜等混合制成。做给孩子吃时需少加一些。

松软的土豆泥
用作配菜无可挑剔

黑醋咕噜肉

咕噜肉是我家的基本菜色，它略带甜味，又有着令人食指大动的黑醋风味。
我偶尔会犯馋做成怀旧的番茄酱味，
但之后还是会回到味道浓郁的黑醋版。
猪肉需切成大块，所以要精心细炸，保证内部熟透。

用料 /4 人份

梅花肉块 500g

A

- 绍兴酒 1 大匙
- 酱油 1 小匙
- 芝麻油 1 小匙

洋葱 ½ 个

青椒 2 个

彩椒（红、黄）各 ½ 个

B

- 黑醋 6 大匙
- 糖 2 大匙
- 绍兴酒 1 大匙
- 酱油 2 大匙
- 汤汁（用少许清汤颗粒、¼ 杯开水泡出的汤）

太白粉、油炸用油 各适量

色拉油 1 大匙

太白粉、水 各 1 小匙

芝麻油 适量

做法

① 猪肉切成 2~3cm 的块状，涂上 A 后放置 10 分钟，用以预先调味。

② 洋葱切成 2~3cm 的块状。青椒和彩椒对半竖切，除籽后切成同样大小。

③ 将 B 的材料调匀备用。太白粉用等量水溶解备用。

④ 将①的猪肉控干汤汁，裹上大量太白粉，用加热后的油炸至酥脆，保证内部也被炸熟。

⑤ 色拉油倒入平底锅内加热，按顺序炒②的蔬菜，倒入 B 后煮开，用水溶太白粉勾芡。

⑥ 将④的猪肉倒入⑤中搅拌，加上芝麻油提升风味。

将梅花肉切成 2~3cm 的块状，涂上绍兴酒、酱油和芝麻油，再放置 10 分钟左右，可使成品的味道更为醇厚。

牛肉

想要买到价格实惠又好吃的牛肉，口感不错的细切牛肉是上佳之选。
买到后用菜刀拍松，再放入料理机中，可以轻松地做出绞肉来。

牛肉竹笋寿司饭

新笋的季节过后，我仍时不时想吃竹笋，于是就用市面有售的煮竹笋和牛肉做成时雨煮。
时雨煮可以直接当菜用，不过我家用它做拌寿司和拌饭的配料。
用到的牛肉是细切牛肉。可能是因为里面汇集了里脊肉、梅花肉、牛腿肉和五花肉等多种边缘肉种，味道鲜美，可打造出美味菜肴。

用料 /4 人份

●牛肉竹笋时雨煮
细切牛肉 200g
煮竹笋 1 个（200g）
生姜 1 片
酱油 5 大匙
糖 2 大匙
日本酒 1 大匙
味啉 3 大匙
甜烹花椒籽 1 大匙
米 2 杯
寿司醋（购买成品）½ 杯
花椒芽 适量
酸橘 2 个
●炒鸡蛋
鸡蛋 3 个
糖 1 大匙
盐 少许

做法

① 做牛肉竹笋时雨煮。牛肉较大的话，切成便于食用的大小。竹笋切成薄片，擦去水分。生姜切丝。
② 加热不粘锅，稍微炒一下牛肉，放入竹笋后也快速炒一下。
③ 将酱油、糖、酒和味啉倒入②中，煮开后放入生姜。期间不时搅拌一下，汤汁变少后，放入甜烹花椒籽再搅拌。
④ 做寿司饭。米淘好，捞出至漏网，煮到略硬的状态。煮好后浇上寿司醋。
⑤ 在④的寿司饭中加入 2 杯③的时雨煮和大量用菜刀拍打后的花椒芽，直接搅拌均匀。最后挤上酸橘汁。
⑥ 做炒鸡蛋。将鸡蛋打入大碗中，放入糖和盐后搅拌。鸡蛋液倒入锅中，开火，一边用长筷子搅拌一边炒干。关火后进一步打散。
⑦ 将⑤的拌寿司装盘，摆上⑥的炒鸡蛋。喜欢的话也可以配上烤海苔。

将牛肉竹笋时雨煮煮到汤汁收干后，放入甜烹花椒籽，关火，直接放置片刻，使之入味。

洋葱牛肉盖浇饭

洋葱牛肉盖浇饭只需一小段时间就能煮好，做法简便。
在控干水分的酸奶里再加一点鲜奶油
用作装饰的话，吃法也会略显时尚。

用料 /4~6 人份

细切牛肉 300g
洋葱 2 个（300g）
蘑菇 2 包
番茄 2 个（250g）
半冰沙司 1 罐
红葡萄酒 ¼ 杯
香叶 1 片
旱芹叶、香芹茎等 各适量
清汤颗粒 少许　番茄酱、中浓度沙司 各 1 大匙　色拉油 2 大匙　盐、胡椒 各少许　米饭 适量　薤、福神渍 各适量

做法

① 牛肉较大的话，切成便于食用的大小。洋葱对半竖切，再用切断纤维的方式切成 1.5cm 宽。蘑菇去掉菌柄，每个切成 4 片薄片。番茄去蒂，每个切成 6 份。
② 半冰沙司和红葡萄酒倒入锅中，煮开后加入香叶、旱芹叶、香芹茎和番茄。一边捣烂番茄，一边煮 5 分钟左右，用清汤颗粒、番茄酱和中浓度沙司调味。
③ 平底锅内倒入 1 大匙色拉油加热，蘑菇炒后取出。
④ 将剩余的色拉油倒入同一只平底锅中，炒过洋葱后放入铺平的牛肉，一边撒盐和胡椒一边快炒，再将蘑菇放回锅中。
⑤ 在④的平底锅中加入②的酱汁，稍微煮一会儿，用盐和胡椒调味。
⑥ 米饭装碗，浇上⑤，配上喜欢的腌菜。

麻婆粉丝

从孩子还小时开始，我就常在不得不因公晚归时为他们备好麻婆粉丝。儿子说，粉丝吸了汤汁的味道和独自在家的回忆交织在一起，已成为他难以忘怀的滋味。

用料 /4 人份

细切牛肉 200g　粉丝（干燥）150g　色拉油 2 大匙　大葱粗末 ½ 根的分量　大蒜末 1 大匙　姜末 1 大匙　豆瓣酱 1 大匙　绍兴酒 2 大匙

A（水 1¼ 杯　鸡精 1 大匙　酱油 4~5 大匙　糖 1 小匙）

芝麻油 适量　香菜 适量

做法

① 牛肉切碎。粉丝用开水泡发，捞出至漏网中，切成便于食用的大小。

② 将 A 倒入小锅内调匀，加热。

③ 色拉油倒入平底锅内加热，放入大葱、大蒜和生姜开始炒，炒出香味后放入牛肉再炒。肉色变化后放入豆瓣酱继续炒，浇上绍兴酒。

④ ③中倒入 A，煮开后放入粉丝，再稍微煮上片刻，煮至汤汁变少即可。

⑤ 最后加上芝麻油提升风味，装盘，喜欢的话可再摆上撕碎的香菜叶。

炖牛肉

有些菜用身边的素材再稍加补充就能做出来，所以会变成常做菜色。
炖牛肉就是个好例子，只要有备好的蔬菜和牛肉、蘑菇就能开工。
牛肉切得稍大些会更显丰盛。
入口即化般的牛肉和味道温和的蔬菜搭配起来，可以征服每个人的味蕾。

用料 /4 人份

牛梅花肉（块）600g
土豆（大）2 个
胡萝卜（大）1 根
洋葱（大）1 个
蘑菇（140g 装）2 包
大蒜 2 瓣
盐、胡椒 各少许
低筋面粉 2 大匙
色拉油 少许
红葡萄酒 ½ 杯
水 5 杯
香叶 2 片
罐装半冰沙司 1 罐
A
- 清汤颗粒 1 小匙
- 番茄酱 3~4 大匙
- 中浓度沙司 2~3 大匙
- 盐、胡椒、糖 各少许

做法

① 牛肉切成 4~5cm 左右的块状。土豆去皮，每个切成 6 份，用冷水浸泡后充分控干水分。胡萝卜去皮，切成 2cm 宽的圆形或半圆形。洋葱去皮，切成 8 份。蘑菇去掉菌柄。大蒜去皮后捣烂。

② 塑料袋内倒入盐、胡椒和低筋面粉，再放入牛肉，滚满粉末。色拉油倒入平底锅内加热，放入大蒜，炒出香味后放入牛肉，煎至表面变成金黄色。

③ 将红葡萄酒倒入②的平底锅中，煮开后连同汤汁一起倒入炖煮用的锅中。加入用料列表中的水，煮开后撇去浮沫，加入香叶，盖上锅盖，一直煮到肉软为止。

④ 按顺序将土豆、胡萝卜、洋葱和蘑菇放入③中炖煮。蔬菜煮软后放入半冰沙司，煮上一段时间后用 A 的调味料调味。

＊不够黏稠的话，可慢慢加入室温下变软的黄油和低筋面粉各 1 大匙，按照口味来勾芡。

再热一次的话会变味
所以我每次都会尝一尝味道

鰤鱼

鰤鱼在日本关东的名称会随着成长阶段的不同而变化，前后依次叫作鰤苗、居滩、稚鰤、鰤等。
常见的菜色有盐烤鰤鱼、照烧鰤鱼、鰤鱼排、鰤鱼萝卜等。冬季的鰤鱼含有油脂，会更好吃。

鰤鱼排

含有油脂的鰤鱼很有肉类的感觉，所以也适合做成鰤鱼排。吃这种菜时，酱汁和配菜是很重要的。
选用香气浓郁的花椒酱的话，不喜欢鰤鱼血合[1]的人应该也能吃得津津有味。
还有些人说，看到土豆泥和青豌豆这些西式配菜
和我家用来配饭配面包的双重吃法后，对鰤鱼的印象也为之一变。

---

1 血合：指鱼肉中与整体颜色不同的暗红色部分，位于脊骨周围。

用料 /4 人份

鰤鱼块 4 块
大蒜泥、盐、胡椒 各少许
橄榄油 1 大匙
土豆泥
- 土豆 4 个（净重 400g）
- 牛奶 ½ 杯
- 鲜奶油 ¼ 杯
- 盐、胡椒 各少许

青豌豆（冷冻）2 杯
花椒酱
- 味啉 2 杯
- 酱油 1 杯
- 花椒 2 大匙
- 出汁用海带 10cm
- 香橙汁 1½~2 大匙

罗勒酱（购买成品）、酸橘 各适量
喜欢的面包、米饭 各适量

做法

① 做花椒酱。将味啉倒入锅中，开火，用极小的火力煮到汤汁只剩一半。关火，趁热加入酱油、花椒和快洗后擦干的海带。放置一夜后加入香橙汁，使之入味。

② 做土豆泥。土豆去皮，切成可一口食用的大小，用冷水浸泡后充分控干水分。将土豆放入铺上厨房纸巾的耐热碗中，轻轻蒙上保鲜膜，用微波炉加热大约 8 分钟。

③ 撤去纸巾，土豆趁热捣烂，按顺序加入牛奶和鲜奶油并搅拌，用盐和胡椒调味。

④ 青豌豆浇上开水解冻，充分控干水分。

⑤ 将蒜泥、盐和胡椒涂到鰤鱼上。色拉油倒入平底锅内加热，将两面煎成金黄色。

⑥ 将刚煎好的鰤鱼摆在盘中，配上土豆泥和青豌豆，喜欢的话土豆泥可加上罗勒酱。鰤鱼浇上花椒酱，喜欢的话可挤上酸橘汁，配上面包和米饭食用。

以酱油为底的花椒酱和烤鱼或烤肉是天作之合。花椒的麻辣配上香橙的酸味，令人倍感清爽。

鰤鱼涮涮锅

涮涮锅的配料以肉类居多，我试吃了一次鰤鱼后发现味道绝佳。这种鱼含有油脂，所以切成薄片后快速涮熟就行了。吃完后可放入扁面条，配上橙醋和佐料食用。

用料 /4 人份

鰤鱼（刺身、涮涮锅用的薄片）1 块　白菜 ¼ 颗　日本芜菁 1 捆　出汁用海带 20cm 1 片　水 8 杯　橙醋、萝卜泥、切成小圈的青葱、酸橘、五香辣椒粉 各适量

鰤鱼斜切成 1~2mm 厚的薄片。开口拜托一声，鱼店就会帮忙切好。将鰤鱼和白菜、日本芜菁一起装盘后，配料就备齐了。

做法

① 出汁用海带快洗一遍，擦干，在用料列表里的水中浸泡 30 分钟至 1 小时，泡出海带汤。

② 白菜切成 5cm 的块状，日本芜菁切成 5cm 长。

③ 将适量的①的海带出汁倒进砂锅中，加上白菜和日本芜菁。蔬菜煮熟后放入鰤鱼薄片，快速涮熟后装盘。喜欢的话可配上橙醋和佐料食用。

＊汤汁变少后可再倒入海带出汁，重复③的步骤。

大豆煮鰤鱼

这是一道用大豆、蒟蒻和现成的根菜做的常备菜。加上鰤鱼的话，味道会更为醇厚，而喷香的酱油味又极为下饭。鲣鱼当季时，我也会换用鲣鱼来做。

用料 /4 人份

鰤鱼块 3 块
胡萝卜 1 根
莲藕（小）1 节
蒟蒻　1 片
水煮大豆 1 袋（200g）
A（出汁 1 杯　酱油 3~4 大匙　糖 2~2½ 大匙　味啉、日本酒 各 2 大匙）

做法

① 鰤鱼去皮、去骨和血合，切成 2cm 的块状。
② 胡萝卜和莲藕去皮，切成 1.5cm 的块状，莲藕用冷水浸泡后充分控干水分。蒟蒻也切成 1.5cm 的块状后焯水。水煮大豆如有水分则控干。
③ 将 A 倒入锅内，调匀煮开，放入鰤鱼。鰤鱼煮熟后，按顺序加入胡萝卜、蒟蒻和大豆。煮上一段时间，待汤汁只剩一半后放入莲藕搅拌，注意不要搅散鰤鱼，然后再稍微煮一段时间。关火后直接放置，等待入味。

鱿鱼

鱿鱼有很多种，但一般是指太平洋褶柔鱼。新鲜的鱿鱼连内脏都可以入菜。
鱿鱼可以横向撕开，但不能竖向撕开，所以用菜刀竖切会更便于食用。

青紫苏炒鱿鱼须

开始炒鱿鱼须后，满室都是极为诱人的香味。
青紫苏要在关火后再加。
这种味道让我犯馋，总是情不自禁地买上好几条鱿鱼。

用料 /4 人份

鱿鱼须（刺身用）3 条的分量
青紫苏 20 片
橄榄油 1 大匙
大蒜薄片 2 瓣的分量
酱油、盐、胡椒 各少许

做法

① 鱿鱼须切掉尖端，切成每 2~3 条一份。
② 青紫苏切碎。
③ 橄榄油倒入平底锅内加热，炒大蒜，炒出香味后加入鱿鱼，用大火快炒。
④ 用酱油、盐和胡椒调味，关火后加上大量青紫苏。

中式水煮鱿鱼和大葱

在鱿鱼上刻出斜格子，可做成名为鱿鱼刻花的装饰，
煮熟后会饱满地绽开，也会更易入味。
这道步骤很简单，却会让成品看起来截然不同。

用料 /4 人份

鱿鱼（刺身用、只有鱼身）3 条的分量

大葱 2 根

生姜 1 片

A

- 鸡精 1 小匙
- 开水 ¼ 杯
- 酱油、寿司醋（购买成品）各 2 大匙

花椒（捣碎）适量

香菜 适量

芝麻油 1~2 大匙

做法

① 大葱和生姜切丝，一起用冷水浸泡后充分控干水分。

② 将 A 混合，调制成调味汁。

③ 鱿鱼切开去皮。在表面刻出斜格子，切成 3cm 宽的短片，用开水迅速汆一遍，捞出至漏网。

④ 将刚汆好的③装盘。摆上大量①的葱丝和姜丝，再撒上花椒和香草。

⑤ 芝麻油彻底加热，淋到④上，蘸取②的调味汁食用。

超市等地方都有销售进口的冷冻虾，价格也很亲民。
冷冻的特有异味用绍兴酒和盐、胡椒、芝麻等预先调味一下，即可有效去除。

越南式炸春卷

做这种春卷不用包，而要卷。它看起来会给人一种配料要从边缘溢出的感觉，但无须担心。
只要将配料塞紧，就可以保证炸到酥脆时不会散架，也不会油腻。
这里介绍的是越南式吃法，将春卷摆在莴苣叶上，再摆上红白萝卜丝，
浇上甜辣酱再食用。

用料 /18 只的分量

虾 8~10 只（净重 200g）
猪绞肉 100g
粉丝（干燥）20g
煮竹笋（小）1 只
香菜 2~3 根
薄荷叶 1 把
A
- 绍兴酒 1 大匙
- 盐 ½ 小匙
- 胡椒 少许
- 芝麻油 2 小匙

春卷皮（大）3 片
低筋面粉 适量
油炸用油 适量
红白萝卜丝
民族风（详见右文）适量
甜辣酱、香菜、薄荷、罗勒、莴苣叶 各适量

做法

① 虾去壳去尾，如有虾线也去掉，按长度对半切开。较粗的部位切成粗末。较细的部位切成细末后拍打。
② 粉丝用开水泡发，捞出至漏网，放凉后切成便于食用的大小。竹笋切成 2cm 长的丝，香菜和薄荷去除硬茎后切成粗末。
③ 将①的虾、猪绞肉放入大碗，搅拌均匀。再按顺序加入 A，搅拌均匀后加入②，继续搅拌。
④ 春卷皮对半竖切，再横切成 3 等份。③的配料平分后摆到春卷皮上卷起来，再用低筋面粉和等量水溶解而成的黏胶黏住。如配料不够，则从两边再塞一些进去，注意要塞紧。
⑤ 加热油，将④炸至酥脆，保证内部也被炸熟。
⑥ 将刚炸好的春卷装盘，喜欢的话可配上民族风红白萝卜丝、甜辣酱、香草、薄荷、罗勒、莴苣叶等。

●红白萝卜丝
民族风
材料与做法 / 便于制作的分量
取 5cm 长的白萝卜，去皮后切成细丝。10cm 长的胡萝卜也去皮，按照长度对半切开，同样切丝。调匀寿司醋（购买成品）3 大匙、鱼露 1½ 大匙，涂满白萝卜和胡萝卜后放置片刻，等待入味。

虾仁炒饭

我请教过中餐的专家，得知想要做出颗粒分明的炒饭，诀窍在于米饭要保证炒透。后来我一直按照这一准则来做炒饭。为了保留筋道的口感，虾仁炒好后需取出，最后再放进去。

用料 /4 人份

虾仁 200g（净重）
A（绍兴酒、盐、胡椒、芝麻油各少许）
牛绞肉 100g
洋葱 ¼ 个
炒鸡蛋（鸡蛋 2 个 盐、胡椒 各少许 色拉油 2 大匙）
色拉油 适量
米饭 4 碗的分量
酱油腌蒜（详见右文）3 大匙
切成小圈的青葱 ½ 杯的分量

做法

① 清洗虾仁，有虾线则去除。擦干后切成 1~2cm 长，涂满 A 用以预先调味。洋葱切成细末。
② 做炒鸡蛋。打散鸡蛋，稍微加一点盐和胡椒。色拉油倒入平底锅内加热，炒到平展的状态后取出。
③ 将 ½ 大匙色拉油倒入同一只平底锅内加热，①的虾仁炒好后取出。
④ ③里再加入 ½ 大匙色拉油，加入绞肉后充分炒熟，再加入洋葱。
⑤ 将②的炒鸡蛋放回④中，整体炒匀后加入米饭。
⑥ 再加 1~2 大匙色拉油，翻炒均匀。炒至颗粒分明后，从锅侧来回浇上酱油腌蒜，快速拌炒，放入虾仁和青葱后搅拌均匀。

●酱油腌蒜

用料与做法 / 便于制作的分量

将 3 瓣大蒜切成的薄片放入 1 杯酱油中，放置 1~2 天左右。这样做出的酱油风味绝佳，用来给炒菜调味或给炸鸡预先调味，都可增添其美味。

香辣虾仁蔬菜

与纯虾仁相比，加上蔬菜会让两种食材都更好吃，分量感也会得到提升。我家吃这道菜时，总会在最后再添上平展的炒蛋。
辣度控制在孩子们刚好可以接受的范围内，再浇到米饭上，就再好吃不过了。

用料 /4 人份

虾仁 200g
A（绍兴酒、盐、胡椒、芝麻油 各少许）
茄子 2 个　西葫芦 1 个
B（蒜泥、姜泥 各 1 大匙　大葱末 3 大匙）
C（豆瓣酱 2 小匙　绍兴酒 1 大匙　水 1½ 杯　中式高汤精 2 小匙　番茄酱 6 大匙　糖 1½ 大匙　醋 2 小匙　酱油 1 大匙）
太白粉、水 各 1 大匙
色拉油 3 大匙
炒鸡蛋（鸡蛋 3 个　盐、胡椒 各少许　色拉油 2 大匙）
芝麻油 1 大匙

做法

① 清洗虾仁，有虾线则去除。擦干，涂上 A 用以预先调味。
② 茄子去蒂，切成 2cm 宽的半圆形或扇形，用冷水浸泡后擦干。西葫芦也同样切开。准备 B 的香味蔬菜。
③ 将 C 倒入小锅内，调匀加热。太白粉用等量水溶解备用。
④ 将 2 大匙色拉油倒入深底的平底锅中加热，②的茄子和西葫芦炒熟后取出。
⑤ 将剩下的 1 大匙色拉油倒入同一只平底锅中，炒 B 的香料蔬菜。炒出香味后炒①的虾仁。
⑥ 将 C 的调味料倒入⑤中，煮开后再将茄子和西葫芦放回平底锅中。再次煮开后倒入水溶太白粉勾芡。
⑦ 做炒鸡蛋。打散鸡蛋，稍微撒一些盐和胡椒。色拉油倒入平底锅中加热，倒入鸡蛋液，炒成平展的状态。
⑧ 将⑥装盘，摆上⑦，浇上芝麻油添香。

扇贝

扇贝的肉柱除了众所周知的刺身外，还可做成矶边烧、焗菜、煎肉、天妇罗等。
适度加热会使扇贝更为香甜，但加热过度则很有可能让它变硬，需要注意。

扇贝矶边烧

我在寿司店里吃到这道菜后
就念念不忘。
刚烤好的新鲜扇贝
一起要用美味的海苔夹起来。

用料 /4 人份

扇贝肉柱（刺身用）8 个
酱油 1½ 大匙　味啉 ½ 大匙
烤海苔、五香辣椒粉、酸橘各适量

做法

将扇贝放在热好的烤网上，一边涂抹酱油和味啉调制成的调味料，一边烤熟两面。
按照口味对①撒上五香辣椒粉，挤上酸橘，再用烤海苔夹起来食用。

卡帕奇欧扇贝

用料 /4 人份

扇贝肉柱（刺身用）8 个
混合蔬菜沙拉 1 袋
萝卜芽 1 包
切开的鸭儿芹 1 捆
青紫苏 10 片
生姜（小）1 片
咸甜酱
- 味啉 ½ 杯
- 酱油 5 大匙
- 醋 1 大匙
- 出汁用海带 5cm 块状 1 片
- 生姜薄片（小）1 片
- 切成小圈的红辣椒 1~2 根的分量
- 香橙汁 1 大匙

卡帕奇欧酱（蛋黄酱 ¼ 杯　牛奶 1 大匙　清汤颗粒 少许　黄芥末粒 1~2 大匙）
帕尔玛奶酪 适量

做法

① 做咸甜酱。将味啉倒入小锅中开火，煮开后转小火，再煮大约 3 分钟。关火，趁热倒入酱油、醋和快洗后擦干的出汁用昆布。再加入生姜、红辣椒和香橙汁，放置片刻，使之入味。
② 做卡帕奇欧酱。将蛋黄酱倒入小碗中，倒入牛奶稀释，再加入清汤颗粒和黄芥末。
③ 每只扇贝横切成 4 片薄片。
④ 混合蔬菜用冷水浸泡出水灵挺括感，充分控干水分。
⑤ 萝卜芽去掉根部，切成 3cm 长，鸭儿芹也切成 3cm 长。一起用冷水浸泡出水灵挺括感，充分控干水分。青丝苏对半切开后切丝，生姜也切丝。将这些搅拌均匀。
⑥ 将③的扇贝和④、⑤的蔬菜放凉备用，食用前再取。
⑦ 将④和⑤的蔬菜轻轻装盘，各占一半。再将扇贝摆在所有蔬菜上。④上浇上②的卡帕奇欧酱，⑤上浇上①的咸甜酱，喜欢的话可再配上帕尔玛奶酪泥。

只有生吃一种吃法的话，很容易吃腻，所以我会多准备几种。

扇贝带有甜味，我就用以酱油为基底的咸甜酱和以蛋黄酱为基底的卡帕奇欧酱这两种酱汁来做搭配。

一起食用的生蔬菜也有两种，分别是日式的香料蔬菜和西式的混合蔬菜。

将这些装在我珍爱多年的无釉大碗中，看起来倍显奢华，会令我心情大好。

扇贝排和醋味噌酱

每到扇贝当季之时，我家便会托人从北海道寄带壳的扇贝来。
一开始会做成刺身，吃掉一点，
不过我最喜欢的吃法是趁它还新鲜快速烤一下，或者炸和焗。扇贝新鲜时会有种甜味。
扇贝排可配上改良成西式风味的醋味噌酱食用。

用料 /4 人份

扇贝肉柱 8 个
盐、胡椒、蒜泥 各少许
橄榄油 1 大匙
醋味噌酱
- 味噌 5 大匙
- 出汁 ¼ 杯
- 醋 1 大匙
- 糖 1 大匙
- 味啉 ½ 大匙
- 鲜奶油 2 大匙

配菜
- 芜菁 3~4 个
- 胡萝卜 1 根
- 四季豆 100g

汤（用 1 大匙清汤颗粒、1 杯开水泡出的汤）
粗胡椒粒 适量

做法

① 做配菜。芜菁留下 2cm 左右的茎后去皮，分成 8 等份。胡萝卜去皮，按长度切成 3~4 等份，大小和芜菁保持一致。四季豆去筋，斜切成 2 等份。

② 煮一锅开水，按顺序加入胡萝卜、芜菁和四季豆，煮至略硬的状态。充分控干水分，趁热泡在汤汁中，放置片刻，使之入味。

③ 做醋味噌酱。将除鲜奶油以外的材料倒入小锅调匀，开火煮开一次后关火。放凉后加入鲜奶油。

④ 为扇贝涂满盐、胡椒和蒜泥。橄榄油倒入平底锅内加热，放入扇贝，煎烤双面。

⑤ 将煮过的②的蔬菜铺在盘中，按照口味撒上粗胡椒粒，摆上④的扇贝排，浇上③的醋味噌酱。

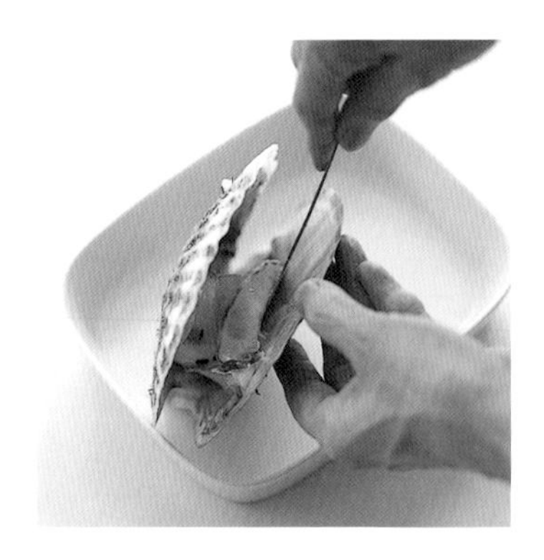

将贝壳覆盖较深的一边朝下，插入刀子。切开上方贝壳处的肉柱，再切出下方贝壳处的肉柱。

食材新鲜的话，
就能将鲜美的风味浓缩于一身

主菜

索引

小菜

饭

面、意面、面包

汤

点心、甜点

简易佐料、酱汁

图书在版编目（CIP）数据

日常食材教室 /（日）栗原晴美著；顾言译 . —
长沙：湖南美术出版社，2019.9
ISBN 978-7-5356-8834-7

I. ①日… II. ①栗… ②顾… III. ①菜谱 IV. ① TS972.12

中国版本图书馆 CIP 数据核字（2019）第 121318 号

日常食材教室

RICHANG SHICAI JIAOSHI

出 版 人：黄 啸
著 者：［日］栗原晴美
书籍设计：［日］茂木隆行
造 型 师：［日］福泉响子
出版统筹：吴兴元
特约编辑：刘 悦
营销推广：ONEBOOK
出版发行：湖南美术出版社
（长沙市东二环一段 622 号）
后浪出版公司

出版策划：后浪出版公司
译 者：顾 言
图片摄影：［日］竹内章雄
采访、结构：［日］秋山静江
编辑统筹：王 頔
责任编辑：贺澧沙
装帧制造：墨白空间·韩 凝
印 刷：天津图文方嘉印刷有限公司
（天津市宝坻经济开发区宝中道 30 号）

开 本：720×1030 1/16
字 数：205 千字
印 张：13
版 次：2019 年 9 月第 1 版
印 次：2019 年 9 月第 1 次印刷
书 号：ISBN 978-7-5356-8834-7
定 价：68.00 元

读者服务：reader@hinabook.com 188-1142-1266
投稿服务：onebook@hinabook.com 133-6631-2326
直销服务：buy@hinabook.com 133-6657-3072
网上订购：https://hinabook.tmall.com/（天猫官方直营店）